U0367791

普通高等教育“十一五”国家级规划教材

（高职高专教材）

涂料工艺

第二版

仓　理　主编

彭德厚　主审

化学工业出版社

·北京·

本书较为系统地介绍了涂料的基本知识、涂料的剂型、典型涂料的生产技术、常见的专用涂料、涂料的施工和检测、涂料工业的发展趋势等内容。编者注重理论联系实际、着重实际技能的培养。

本教材既可作为化工类高职高专精细化工专业的专业教材，也可作为其他专业的选修课教材，还可作为化工行业工程技术人员、供销人员的参考书。

图书在版编目（CIP）数据

涂料工艺/仓理主编．—2版．—北京：化学工业出版社，2009.1（2024.1重印）

普通高等教育“十一五”国家级规划教材．高职高专教材

ISBN 978-7-122-04603-1

Ⅰ．涂…　Ⅱ．仓…　Ⅲ．涂料-工艺学-高等学校：技术学院-教材　Ⅳ．TQ630.1

中国版本图书馆CIP数据核字（2009）第000354号

责任编辑：蔡洪伟　陈有华　　　　文字编辑：林　丹

责任校对：周梦华　　　　　　　　装帧设计：于　兵

出版发行：化学工业出版社（北京市东城区青年湖南街13号　邮政编码100011）

印　　装：涿州市般润文化传播有限公司

787mm×1092mm　1/16　印张9¾　字数223千字　　2024年1月北京第2版第10次印刷

购书咨询：010-64518888　　　　售后服务：010-64518899

网　　址：http://www.cip.com.cn

凡购买本书，如有缺损质量问题，本社销售中心负责调换。

定　　价：28.00元

第一版前言

本教材是在全国化工高职教学指导委员会精细化工专业委员会的指导下，根据教育部有关高职高专教材建设的文件精神，以高职高专精细化工专业学生的培养目标为依据编写的。教材在编写过程中征求了来自企业专家的意见，具有较强的实用性。

精细化工是备受工业发达国家重视的化工领域，它是在传统化工基础上发展起来的。精细化学品以其功能性和最终使用性直接服务于人类，是人类物质文明进入新阶段的重要保证。它的主要特点是产量小、品种多、附加价值率和利润率大、技术密集度高。

为了适应“科教兴国”的需要，培养更多的精细化工生产一线的专门人才，在中国石油和化学工业协会、化工高职高专教学指导委员会的关心和支持下，按照新一轮高职高专教材的建设要求，我们组织了全国具有多年精细化工高职高专教学经验的教师编写了这套教材，全书将采用一横多纵的方式，一横指《精细化工概论》，多纵指精细化工领域的各分支。全套教材本着以培养精细化工生产一线人员为主线，重在实践技能的培养，以典型产品的生产为主导，强调应用。

本书为多纵里的一个分支，共分八章，依次为概论、涂料的剂型、典型涂料的生产技术、常见的专用涂料、涂料的施工和检测、涂料工业的发展趋势。其中第一、第二、第三章由仓理编写，第四章由刘爱民编写，第五章由郑国民编写，第六章由刘风云编写。彭德厚主审。

本教材既可作为精细化工专业的专业教材，也可作为其他专业的选修课教材，还可作为化工行业工程技术人员、供销人员的参考书；既可作为化工类高职高专教材，还可作为化工类其他层次学生的教材。

本教材由于编写时间仓促，内容上可能有许多不妥，望广大读者给予指正。

编　者

2005 年 2 月

第二版前言

精细化工是备受工业发达国家重视的化工领域，它是在传统化工基础上发展起来的。精细化学品以其功能性和最终使用性直接服务于人类，是人类物质文明进入新阶段的重要保证。它的主要特点是产量小、品种多、附加价值高、利润率大、技术密集度高。

为了适应“科教兴国”的需要，培养更多的精细化工生产一线的专门人才，在中国石油和化学工业协会、化工高职高专教学指导委员会的关心和支持下，按照新一轮高职高专教材的建设要求，我们组织了全国具有多年精细化工高职高专教学经验的教师编写了这套教材，全套书将采用一横多纵的方式，一横指《精细化工概论》、多纵指精细化工各分支。全套教材本着以培养精细化工生产一线人员为主线，重在实践技能的培养，以典型产品的生产为主导，强调应用。

本教材自 2005 年 8 月出版发行以来，受到各校师生的好评。本次修订，根据多个学校的使用情况以及涂料工业的发展现状与发展趋势，补充了一些新工艺、新方法。

本书为多纵里的一个分支，共分六章，依次为概论、涂料的剂型、典型涂料的生产技术、常见的专用涂料、涂料的施工和检测、涂料工业的发展趋势。

本书由仓理主编，其中第一、二、三章由仓理编写，第四章由刘爱民编写，第五章由郑国民编写，第六章由刘风云编写。主审彭德厚。

本教材既可作为精细化工专业的专业教材，也可作为其他专业的选修课教材，还可作为化工行业工程技术人员、供销人员的参考书；既可作为化工类高职高专教材，还可作为化工类其他层次学生的教材。

由于时间仓促，内容上还会有许多不妥，望广大读者给予指正。

编　者

2008 年 11 月

目　录

第一章　概　　论

【学习目标】 了解涂料的定义、作用、组成、分类、命名。掌握涂料的干燥原理。

一、涂料的定义

涂料是覆盖于物体表面且能结成坚韧保护膜的物料的总称。以前常被称为“油漆”是因为采用植物油作为成膜物质。自20世纪以来，各种合成树脂获得迅速发展，用其做主要成分配制的涂装材料被更广义地称为“涂料”。

石油化工和有机合成工业的发展，为涂料工业提供了新的原料来源，使许多新型涂料不再使用植物油脂。所以，“油漆”这个名词就显得不够贴切，而代之以“涂料”这个新的名词。因此，可以这样定义：涂料是一种可用特定的施工方法涂布在物体表面上，经过固化能形成连续性涂膜的物质，并能通过涂膜对被涂物体起到保护装饰等作用。

二、涂料的作用

人类自远古以来，就使用涂料。如古埃及人在木乃伊箱上使用油漆。而从古至今，中国漆器更是名扬世界。进入近代文明社会以来，涂料的应用更是日益广泛。总的说来，涂料的作用大致分述如下。

(1) 保护作用　金属、木材等材料长期暴露在空气中会受到水分、气体、微生物、紫外线辐射的侵蚀，若使用涂料就能延长其使用期限，因为涂料的涂膜能防止材料磨损并能隔绝外界的有害影响。对金属来说，有些涂料还能起缓蚀作用，如磷化底漆可使金属表面钝化。一座钢铁桥梁如果不用涂料保护，其寿命只有几年，而用涂料保护并且维修得当，则可以有百年以上的寿命。

(2) 装饰作用　房屋、家具、日常用品涂上涂料使人感到美观。机器设备涂上锤纹漆，不但美观，而且可以经常用水或上光脂擦洗打光。

(3) 色彩标志　目前，应用涂料作标志的色彩在国际上已逐渐标准化。各种化学品、危险品的容器可利用涂料的色彩作为标志；各种管道、机械设备也可用各种颜色的涂料作为标志；道路划线、交通运输也可用不同色彩的涂料来表示警告、危险、停止、前进等信号。

(4) 特殊用途　这方面的用途日益广泛。船底被海生物附着后就会影响航行速度，用船底防污漆就能使海生物不再附着；导电的涂料可移去静电，而电阻大的涂料却可用于加热保温；空间计划中需要能吸收或反射辐射的涂料，导弹外壳的涂料在其进入大气层时能消耗自身同时也能使摩擦生成的强热消散，从而保护导弹外壳；吸收声音的涂料可以增加潜艇下潜深度。

(5) 其他作用　在日常生活中，涂料用于纸、塑料薄膜、皮革服装等上面，使它们能抗水、抗皱。

三、涂料的组成

涂料一般由不挥发分和挥发分组成。它在物体表面涂布后，其挥发分逐渐挥发逸去，留下不挥发分干后成膜，所以不挥发分又称为成膜物质。成膜物质又可分为主要、次要、辅助成膜物质三类。主要成膜物质可以单独成膜，也可以与黏结材料等次要成膜物质共同成膜，它是涂料的基础，简称基料。涂料的各组分可由多种原材料组成，见表1-1。

表1-1 涂料的组成

组　　成		原　　料
主要成膜物质	油料	动物油：鲨鱼油、带鱼油、牛油等 植物油：桐油、豆油、蓖麻油等
	树脂	天然树脂：虫胶、松香、天然沥青等 合成树脂：酚醛树脂、醇酸树脂、氨基树脂、丙烯酸酯树脂等
次要成膜物质	颜料	无机颜料：钛白粉、氧化锌、铬黄、铁蓝、炭黑等 有机颜料：甲苯胺红、酞菁蓝、耐晒黄等 防锈颜料：红丹、锌铬黄、偏硼酸钡等
	体质颜料	滑石粉、碳酸钙、硫酸钡等
辅助成膜物质	助剂	增塑剂、催干剂、固化剂、稳定剂、防霉剂、防污剂、乳化剂、润湿剂、防结皮剂、引发剂等
	稀释剂	石油溶剂（如200号油漆溶剂）、苯、甲苯、二甲苯、氯苯、松节油、环戊二烯、醋酸丁酯、丁醇、乙醇等

表中组成是对一般色漆而言，由于涂料的品种不同，有些组成可以省略。如各种罩光清漆就是没有颜料和体质颜料的透明体；腻子是加入大量体质颜料的稠厚浆状体；色漆（包括磁漆、调和漆和底漆在内）是加入适量的颜料和体质颜料的不透明体。由低黏度的液体树脂作基料，不加入挥发性的稀释剂的称为无溶剂涂料；基料呈粉状而又不加入溶剂的称为粉末涂料；一般用有机溶剂的称为溶剂型涂料；而用水作稀释剂的称为水性涂料。

四、涂料的分类

国际上涂料的分类有几种方法，第一种分类方法按涂料的溶剂分类，如有溶剂涂料和无溶剂涂料，前者可分为溶剂型涂料和水性涂料，后者主要有粉末涂料。第二种分类方法是按用途来分类，如建筑用漆、船舶用漆、电气绝缘漆、汽车用漆等。第三种分类方法是按施工方法分类，如刷用漆、喷漆、烘漆、流态床涂装用漆等。第四种分类方法是按漆膜外观分类，如大红漆、有光漆、无光漆、半光漆、皱纹漆、锤纹漆等。第五种分类方法是按成膜物质分类，见表1-2。这也是目前使用最广泛的分类方法。

五、涂料的命名

我国对涂料的命名原则规定如下。

① 全名＝颜料或颜色名称＋成膜物质＋基本名称。如红醇酸磁漆、锌黄酚醛防锈漆等。

② 对于某些有专业用途及特性的产品，必要时在成膜物质后面加以说明。如醇酸导电磁漆、白硝基外用漆等。

涂料的型号分三个部分，第一部是成膜物质，第二部分是基本名称（见表1-3），第三部分是序号，以表示同类产品间的组成、配比或用途的不同。如C-04-2，C代表成膜物质是醇酸树脂，04代表基本名称是磁漆，2则是序号。

辅助材料型号分两个部分，第一部分是种类，第二部分是序号。例如，F-2，代表防潮剂，2则代表序号。

表 1-2　涂料分类表

序号	代号(汉语拼音字母)	发音	成膜物质类别	主要成膜物质
1	Y	衣	油性漆类	天然动植物油、清油(熟油)、合成油
2	T	特	天然树脂漆类	松香及其衍生物、虫胶、乳酪素、动物胶、大漆及其衍生物
3	F	佛	酚醛树脂漆类	改性酚醛树脂、纯酚醛树脂、二甲苯树脂
4	L	肋	沥青漆类	天然沥青、石油沥青、煤焦沥青、硬质酸沥青
5	C	雌	醇酸树脂漆类	甘油醇酸树脂、季戊四醇醇酸树脂、改性醇酸树脂
6	A	啊	氨基树脂漆类	脲醛树脂、三聚氰胺甲醛树脂
7	Q	欺	硝基漆类	硝基纤维素、改性硝基纤维素
8	M	模	纤维素漆类	乙基纤维、苄基纤维、羟甲基纤维、醋酸纤维、醋酸丁酯纤维、其他纤维及酯类
9	G	哥	过氯乙烯漆类	过氯乙烯树脂、改性过氯乙烯树脂
10	X	希	乙烯漆类	氯乙烯共聚树脂、聚醋酸乙烯及其共聚物、聚乙烯醇缩醛树脂、聚二乙烯乙炔树脂
11	B	玻	丙烯酸漆类	丙烯酸酯树脂、丙烯酸共聚物及其他改性树脂
12	Z	资	聚酯漆类	饱和聚酯树脂、不饱和聚酯树脂
13	H	喝	环氧树脂漆类	环氧树脂、改性环氧树脂
14	S	思	聚氨酯漆类	聚氨基甲酸酯
15	W	吴	元素有机漆类	有机硅、有机钛、有机铝等元素有机聚合物
16	J	基	橡胶漆类	天然橡胶及其衍生物、合成橡胶及其衍生物
17	E	额	其他漆类	未包括在以上所列的其他成膜物质，如无机高分子材料、聚酰亚胺树脂等
18			辅助材料	稀释剂、防潮剂、催干剂、脱漆剂、固化剂

表 1-3　基本名称编号表

代号	代表名称	代号	代表名称	代号	代表名称
00	清油	22	木器漆	53	防锈漆
01	清漆	23	罐头漆	54	耐油漆
02	厚漆			55	耐水漆
03	调合漆	30	(浸渍)绝缘漆		
04	磁漆	31	(覆盖)绝缘漆	60	防火漆
05	粉末漆料	32	绝缘(磁、烘)漆	61	耐热漆
06	底漆	33	粘合绝缘漆	62	变色漆
07	腻子	34	漆包线漆	63	涂布漆
		35	硅钢片漆	64	可剥漆
09	大漆	36	电容器漆		
		37	电阻漆、电位器漆	66	感光涂料
11	电泳漆	38	半导体漆	67	隔热涂料
12	乳胶漆				
13	其他水溶性漆	40	防污漆、防蛆漆	80	地板漆
14	透明漆	41	水线漆	81	渔网漆
15	斑纹漆	42	甲板漆、甲板防滑漆	82	锅炉漆
16	锤纹漆	43	船壳漆	83	烟囱漆
17	皱纹漆	44	船底漆	84	黑板漆
18	裂纹漆			85	调色漆
19	晶纹漆	50	耐酸漆	86	标志漆、路线漆
20	铅笔漆	51	耐碱漆	98	胶液
		52	防腐漆	99	其他

六、涂料的原理

涂料涂布于物体表面上后，由液体或不连续的粉末状态转变为致密的固体连续薄膜的过程，称为涂膜的干燥，或固化。涂膜干燥是涂料施工的主要内容之一。由于这一过程不仅占用很多时间，而且有时能耗很高，因而对涂料施工的效率和经济性产生重大的影响。

涂膜的固化机理有三种类型，一种是物理机理，其余两种是化学机理。

第一，物理机理固化。只靠涂料中液体（溶剂或分散相）蒸发而得到干硬涂膜的干燥过程称为物理机理固化。高聚物在制成涂料时已经具有较大的分子量，失去溶剂后就变硬而不黏，在干燥过程中，高聚物不发生化学反应。

第二，涂料与空气发生反应的交链固化。氧气能与干性植物油和其他不饱和化合物反应而产生游离基并引起聚合反应，水分也能和异氰酸酯发生反应，这两种反应都能得到交联的涂膜，所以在贮存期间，涂料罐必须密封良好，与空气隔绝，通常用低分子量的聚合物（相对分子质量1000～5000）或分子量较大的简单分子，这样，涂料的固体分可以高一些。

第三，涂料之间发生反应的交联固化。涂料在贮存间必须保持稳定，可以用双罐装涂料法或是选用在常温下互不发生反应，只是在高温下或是受到辐射时才发生反应的组分。

三种机理之间的比较见表1-4。

表1-4 涂膜固化机理

干燥机理	涂料中液体的挥发	涂料和空气之间的交联反应	涂料组分之间的交联反应
涂料中成膜物质的分子量	高	低	低或高
涂料的固体分	a.（溶液型涂料）低，10%～35% b.（乳液型涂料）中到高，40%～70%	中到高 25%～100%	中到高 30%～100%
涂膜中聚合类型	线型	交联型	交联型
抛光性、修补性、再流平性	好	可或差	可或差
不加热时的干燥速度	快	慢到适中	较快
最低干燥温度	无实际限制（对溶液型而言）	在冷天很慢	不一定，一般为10～15℃
贮运情况	好	涂料罐必须密封良好	除烘干和辐射固化型之外，必须双罐装
举例	硝酸纤维素和其他挥发性漆 某些乳胶漆 某些有机溶胶漆	装饰性（建筑）漆 某些烘漆 单罐装聚氨酯	工业烘漆 酸催化漆 聚氨基甲酸酯涂料 不饱和聚酯木器涂料

【阅读材料】

环顾一下我们的周围，涂料无所不在。如果你在室内，涂料在墙壁上、冰箱上、橱柜上和家具上；不太明显的涂料可能会在电动机电线、电视机内印刷电路、录音录像带和光盘上。如果你在室外，涂料在你的房屋上和汽车上，在车内发动机罩下面，汽车立体声和计算机系统的元件上。涂料的功能性和装饰性跨越广阔领域。各种科学和技术都支持涂料的开发、生产和使用。

虽然涂料科学是个古老的领域，但不是个成熟的领域；它提供振奋人心的挑战和发展事业的机遇。进入此领域，将有机会增加科学理解力、促使涂料的重点突破：降低空气污染排放、减少能量需要和防止金属的腐蚀。

思 考 题

1. 什么是涂料？涂料的作用是什么？涂料如何分类？
2. 涂料的一般组成是什么？
3. 试述涂料的固化机理。

第二章　涂料的剂型

【学习目标】 了解溶剂型涂料、水性涂料和粉末涂料的特点、主要品种和用途。

第一节　溶剂型涂料

大多数涂料含有挥发性物质，它们在施工后和成膜时挥发掉。一般将挥发性有机物称为溶剂，不管它是否能溶解树脂。涂料工业是溶剂工业的最大用户，一半以上的溶剂是烃类，其余是酮、醇、乙二醇、醚、酯、硝基直链烷烃以及少量其他物质。溶剂有利于薄膜形成，当溶剂蒸发时，高聚物就互相结合。假如溶剂混合物保持一个适当的蒸发速率，就会形成平滑和连续的薄膜。

溶质和溶剂可分为非极性、弱极性和极性三类。分子结构对称而又不含极性基团的烃类是非极性的。分子结构不对称又含有极性基团的分子则带有极性。极性溶质溶于极性溶剂中，但不溶于非极性溶剂中。弱极性溶质则不溶于极性溶剂而溶于非极性溶剂中。极性溶剂分子间互相缔合，黏度要比分子量接近的非极性溶剂的黏度高，沸点、熔点、蒸发潜热也较高，而且内聚能较高，挥发度较低。

对于挥发性涂料所用溶剂可以分为三类。

① 真溶剂，是有溶解此类涂料所用高聚物能力的溶剂。其中醋酸乙酯、丙酮、甲乙酮属于挥发性快的溶剂；醋酸丁酯属于中等挥发性溶剂；醋酸戊酯、环已酮等属于挥发性慢的溶剂。一般说来，挥发性快的溶剂价格低。

② 助溶剂，在一定限量内可与真溶剂混合使用，并有一定的溶解能力，还可影响涂料的其他性能。主要有乙醇或丁醇。乙醇有亲水性，用量过多易导致涂膜泛白。丁醇挥发性较慢，适宜后期作黏度调节。

③ 稀释剂，无溶解高聚物能力，也不能助溶，但它价格较低，它和真溶剂、助溶剂混合使用可降低成本。

但这种分类是相对的，三种溶剂必须搭配合适，在整个过程中要求挥发率均匀又有适当溶解能力，避免某一组分不溶而产生析出现象。

溶剂应对涂料中所有不挥发组分都有很好的溶解能力和互溶性，有较强的降低黏度能力，在挥发过程中不容许有某一组分产生析出现象。溶剂的挥发应随涂膜干燥而匀速减少，不可忽多忽少。湿涂料膜的黏度应缓慢增加，不可突然增稠，以避免表面疵病。此外，对溶剂还要求色浅、透明、化学性质稳定、无刺激性气味、毒性小。

从历史上看，几乎所有的涂料都是溶剂型涂料，到目前已有水性涂料、粉末涂料、辐射固化涂料等，发展的推动力是减少火灾危害和气味，便于用水清洗。20 世纪 60 年代以后发展的主要推动力是减少挥发性有机化合物（VOC）排放。由于其他类型涂料产量迅速增长，涂料工业的溶剂使用量明显减少，有人认为，从长远观点看，溶剂型涂料会消失。但是，溶剂型涂料有其他涂料无法超越的优点：其施工的费用一般比较低，特别是与水性涂料比，因为水性涂料施工需要不锈钢设备，而溶剂型涂料的静电喷涂设备比水性涂料花费少；湿度对溶剂挥发影响不大；涂膜滞留空气和爆孔问题少。通过使用高固体涂料、精调操作方法可以使溶剂需求量减少至最低程度，以显著降低 VOC 的排放。

一、溶剂的种类

1. 石油溶剂

石油溶剂是指用蒸馏或热裂解石油的方法得到的溶剂。蒸馏得到的主要是烷烃类化合物，但也含有少量芳烃；热裂解得到的是芳香族含量高的溶剂。

涂料用溶剂汽油，又叫做松香水或白油，其中含有 15%～18%的芳烃，沸点范围是 150～190℃，挥发速率较慢，能溶解大多数天然树脂和各种长油度的醇酸树脂，但对硝基、环氧、丙烯酸等合成树脂的溶解力较差。松香水还常用作清洗溶剂。

芳烃含量高的石油溶剂，其成分主要是各种三甲苯。芳烃含量可达 80%～93%，沸点范围 100～200℃，溶解能力很强，有淡淡的刺激性气味。

2. 苯系溶剂

涂料工业中用到的苯系溶剂，主要有甲苯和二甲苯。甲苯常用于混合溶剂，用于氯化橡胶涂料的溶剂以及硝基漆的稀释剂。二甲苯是涂料中最重要的溶剂之一，它的溶解能力强，挥发速度适中，既可用于常温气干型涂料，也可用于烘漆，广泛用作醇酸树脂、氯化橡胶、聚氨酯以及乙烯基树脂的溶剂。在二甲苯中加入 10%～20%的丁醇，可以提高它的溶解力，且具有很好的抗流挂性能。

3. 醇和醚

醇类主要有乙醇和丁醇。乙醇中常加入少量甲醇成为变性乙醇，它挥发速率快，常用作聚乙酸乙烯酯、聚酯、聚乙烯醇缩丁醛等的溶剂，很少单独使用。

在涂料中，一般很少使用醚类溶剂，但乙二醇的单醚和醚酯（如乙二醇单乙醚、乙二醇单丁醚等）都曾是涂料中的重要溶剂，它们可以和烃类溶剂混溶，大部分还可以和水混溶，是树脂的优良溶剂。但是由于它们的毒性太大，已经被别的溶剂取代，不再使用。

4. 酮和酯

涂料中使用的酮类溶剂主要有丙酮、丁酮和甲基异丁基酮。丙酮挥发快，溶解力强，用于烯类聚合物和硝基纤维素的溶剂，它常和其他溶剂合用。丁酮也是挥发快和溶解力强的溶剂，可用于烯类聚合物、环氧树脂、聚氨酯涂料中作涂料，它常和一些溶解力差的溶剂混用以改进涂料的成膜性能和涂布性能。甲基异丁基酮用途与丙酮类似，但挥发速率慢，有难闻的味道，常用于烤漆。

5. 氯代烃和硝基烃

氯代烃和硝基烃（三氯甲烷、硝基甲烷、二氯乙烷、四氯乙烷、三氯乙烯等）均有很好的溶解性能，沸点较低，但毒性很大，不宜在涂料中使用。但它们的分子极性很高，可用于调节静电喷涂涂料的电阻。

二、溶剂的作用

1. 降低黏度，调节流变性

涂料是一种浓度较高的高分子溶液，溶剂性质直接影响高分子聚合物的黏度。溶剂对高分子聚合物的溶解能力越强，涂料体系的黏度就越低。另外，所选溶剂的种类、溶剂的用量严重影响着涂料的施工质量。溶剂在涂料中，除了有效分散成膜物质之外，还具有降低体系黏度，调节体系流变性的作用。

2. 改变涂料的电阻

静电喷涂法是一种重要的涂装方法。静电喷涂法系利用高压电场的作用，使漆雾带电，并在电场力的作用下吸附在带异性电荷的工件上的一种喷漆方法。它的原理是：先将负高压加到有锐边或尖端的金属喷杯上，工件接地，使负电极与工件之间形成一个高压静电场，依靠电晕放电，首先在负电极附近激发大量电子，用旋转喷杯或压缩空气使涂料雾化并送入电场，涂料颗粒获得电子成为带负电荷的微粒，在电场力作用下，均匀地吸附在带正电荷的工件表面，形成一层牢固的涂膜，完成涂装工作。静电涂装法对涂料的电性能有一定的要求，为达到最好的效果，要求涂料的电阻在一定的范围内，电阻过大，涂料粒子带电困难；电阻过低，容易发生漏电现象。涂料的电阻可以通过溶剂来改变，在高电阻涂料中添加电阻低的溶剂，常用的有氯化烃、硝基烃等；在电阻值低的涂料中添加电阻高的极性溶剂，常用的有芳烃、石油醚等。

3. 作为聚合物反应溶剂，用来控制聚合物的分子量分布

在生产高固体分涂料的聚合物时，选择合适沸点和链转移常数的溶剂作为聚合物介质，可以得到合适的分子量大小和分子量分布。例如，用二甲苯、苯甲醇庚酯和乙酸丙酯等溶剂作聚合溶剂，制备分子量较小且分子量分布窄的丙烯酸酯聚合物。

4. 改进涂料涂布和漆膜性能

通过控制溶剂的挥发速率，可以改进涂料的流动性，提高漆膜的光泽。溶剂的选择影响着涂膜对底材的附着力和湿膜的流平等施工性能。

溶剂选择不当会产生很多弊端：漆膜发白起泡、橘皮流挂等。从挥发快慢考虑，涂料溶剂的选择有下列要求。

① 快干：挥发要快。

② 无缩孔：挥发要快。

③ 无边缘变厚现象：挥发要快。

④ 无流挂：挥发要快。

⑤ 流动性、流平性好：挥发要慢。

⑥ 无气泡：挥发要慢。

⑦ 不发白：挥发要慢。

三、溶剂型涂料的主要品种

1. 醇酸树脂涂料

在 1930～1940 年期间，醇酸树脂是涂料用主要基料，虽然有被其他基料不断替代的趋势，但目前醇酸树脂仍是用量最大的一类树脂。醇酸树脂主要有以下优点。一是价格较低。二是应用较为简单，由于大多数醇酸树脂涂料表面张力比较低，在所有类型涂料中溶剂型醇酸树脂涂料受涂膜缺陷的影响最小，很少出现缩边、缩孔以及其他因表面张力驱动流动或表面张力差驱动流动所造成的缺陷问题。对于醇酸树脂来说，由于不会造成絮凝，所以相当容易进行颜料分散。第三个优点是具有通过自动氧化进行交联的能力，可以采用空气干燥或低温烘烤干燥，从而避免了因干燥需要使用具有潜在毒性危害的交联剂。

醇酸树脂的主要缺点是相当差的烘烤保色性、有限的户外耐久性、在溶剂型醇酸树脂涂料中也难以达到极高的固体含量。再有的问题可能是，在烘烤炉中产生的烟，这会引起肉眼能看得见的空气污染问题。

2. 聚酯类树脂涂料

聚酯树脂主要用来替代三聚氰胺甲醛树脂（MF）交联烘烤瓷漆中的醇酸树脂，也广泛使用于聚氨酯涂料中。与其他树脂相比，聚酯树脂成本一般比氧化醇酸树脂略高些，但在某些情况下却要比非氧化醇酸树脂价格低；其颜色、保色性、户外耐久性以及抗脆化性要好于大多数醇酸树脂；其户外耐久性和耐皂化性一般不及涂装于不含底漆、清洁、处理过的钢和铝底材上的丙烯酸类聚酯涂料；其附着力和耐冲击相似于醇酸树脂而优于丙烯酸树脂。基于聚酯作为基料的涂料比醇酸树脂涂料表面张力高，因此较易产生缩边以及由表面张力差驱动的流动缺陷如缩孔等。大多数聚酯类为羟基封端，因此可用 MF 树脂或用异氰酸树脂类交联。MF 树脂费用低，一般使用甲醚化或混合甲/丁醚化 MF 树脂，对较低温度固化或气干型涂料来说，则使用脂肪族多异氰酸酯类。

3. 丙烯酸类树脂涂料

丙烯酸树脂作为基料的涂料主要优点是价格相当适中，颜色浅，保色性、抗脆化性以及户外耐久性优良等。它们的表面张力和对涂膜缺陷的敏感度介于醇酸树脂涂料和聚酯类树脂涂料之中，对金属表面的附着力低于醇酸树脂涂料和聚酯类树脂涂料，因此它们常用在底漆之上作为面漆。

热塑性溶液丙烯酸树脂曾广泛用于汽车涂料中，但现在已被热固性丙烯酸（TSAS）代替，以减少 VOC 排放。热固性丙烯酸用 MF 树脂或用多官能的异氰酸酯交联。脂肪族异氰酸酯交联剂价格要比 MF 树脂高，且呈现更大的毒性危害，但可以在较低温度下固化。而且，HALS（位阻胺）稳定剂通常能产生稍高的户外耐久性，又常常呈现出较好的耐环境腐蚀性。用双羟基交联的环氧官能丙烯酸也可获得优良的耐环境性。

制造高固体分丙烯酸树脂比较困难，不大可能制造出像聚酯类树脂涂料那样高的固体分。

4. 环氧树脂和环氧酯类涂料

环氧树脂主要的用途是底漆。基于环氧树脂的涂料一般对金属有优良的附着力（特别是在水汽存在下）以及耐皂化性，它们一般作单道涂料使用，其主要的缺点是户外耐久性差，可以作为啤酒或软饮料罐衬里之类使用。用多元酸交联的环氧官能丙烯酸树脂类产生的涂膜具有优良的户外耐久性。

环氧酯类涂料提供的性能介于醇酸树脂与环氧树脂之间，用在面漆中的一个例子是涂装瓶盖和瓶顶，它们具有必需的硬度、可加工性、附着力和耐水性。

5. 聚氨酯类树脂涂料

由于多异氰酸酯能低温固化，故广泛用作交联剂，以获得耐溶剂溶胀性和耐磨性俱佳的固化膜。当使用 MF 树脂时，其涂料可以单罐包装，且无游离异氰酸酯毒性的危险。与聚酯相比较，费用要高，但具有水解稳定性，因此其户外耐久性就更优良。但是，聚氨酯基团的分子间氢键较强，与同分子量、同浓度的聚酯树脂溶液相比黏度较高，可用低分子量羟基官能的聚氨酯与其他类型羟基官能树脂混合对涂料性能进行改性。

聚氨酯类，特别是具有伯氨基（$—NH_2$）的聚氨酯，在酸性条件下与 MF 树脂反应，得到的树脂比用 MF 交联的羟基功能树脂具有更强的水解稳定性，这些树脂常称为氨基甲酸酯功能树脂。此类树脂涂的涂层透明，正用于汽车涂料中。

6. 有机硅和氟化树脂涂料

有机硅和氟化树脂对热降解和光氧化两种作用的抵抗作用最强。这两种树脂的价格都很高，尤其是氟化树脂类。对气干型涂料来说，有机硅醇酸树脂达到的户外耐久性要比醇酸树脂高。从价格中等、户外耐久性优异的角度看，有机硅树脂改性聚酯和丙烯酸树脂使用相当广泛。而用 MF 树脂或脂肪族异氰酸酯交联的氟化共聚体树脂具有突出的户外耐久性。

四、配制低 VOC 的溶剂型涂料

溶剂型涂料对大气的污染重要指标是其挥发性有机溶剂（VOC）的量，各国环保部门都有严格的限制。

大部分工业涂料、特种涂料以及一些建筑涂料都是溶剂型涂料，因而减少 VOC 用量的压力正在不断增加。由于热塑性树脂涂料的 VOC 含量很高，其用量必将持续下降，转而使用热固性树脂的溶剂型涂料。常规热固性涂料的体积固体分（NVV）大约为 25%～35%。高固体分涂料并无单一的定义：对于金属闪光汽车面漆（或底色层），其高固体分意指 45%左右；而对高颜料分的底漆来说，高固体分可能是 52%；对于清漆或高光泽着色涂料则为 75%，甚至可能更高。涂料的 VOC 难以精确测定，甚至难以去定义。例如，在某些情况下，具有官能团的溶剂会部分与交联剂反应，因此就不能散发出来；也可能产生交联的挥发性副产品，它们就应该包括在 VOC 中；而低分子量组分在交联前也会挥发，这样排放发生的程度会随烘烤条件而定。在使用高固体分涂料时，涂装者必须十分仔细地控制其在烘烤炉里的时间和温度，并按涂料供应商的推荐条件操作。配方设计者在标准温度上下约 10℃时，更要仔细检查涂料膜性能。在向客户进行固化周期推荐时，应该使用客户的金属试片以确定烘烤工艺过程。烘烤的关键问题是涂料自身的问题，而不是在烘炉内空气的问题。涂装到重型金属件上的涂料在烘炉中加热要比轻型金属片材上的涂料受热更慢，在已焊接到支承构件上金属板材的涂料则要比金属板表面其他地方受热慢。在常规涂料里，由这些差异所造成的变化一般很少，而高固体分涂料的涂料温度和时间差异将影响涂膜的性能。

改进施工方法也能使 VOC 降低，如使用更高黏度的涂料、热喷涂、高速静电盘和超临界流体喷涂都是实例。

当固体分增加时，就更容易产生颜料絮凝。控制颜料分散体稳定的主要因素是，颜料颗粒表面上的吸附层厚度，而低分子量树脂不能提供适当的吸附层。

高固体分涂料另一个限制因素是表面张力效应，在大多数涂料中，官能团高度极性，如像羟基和羧酸基团之类。这些基团数量的增加会产生更高的表面张力，用这样的树脂生产高固体分涂料一般需要使用氢键受电子溶剂而不是烃类溶剂，这就会产生比大多数常规涂料更高的表面张力，因此就增加了施工时涂料膜缺陷的概率。当涂装金属时，较为重要的是要有清洁的表面；当涂装塑料时，就必须仔细地除去脱模剂。

因溶剂从高固体分涂料中挥发要比常规涂料中挥发慢，流挂对高固体分涂料来说要比常规涂料影响更大，尽管对此差别的原因尚未完全清楚，但其后果却产生了严重的问题。涂装高固体分涂料造成喷涂流挂不能轻易地通过采用调节涂料中溶剂挥发速率或改变喷枪与底材之间的距离来解决，但可使用热喷涂或超临界流体喷涂使流挂降到最低程度。在大多数应用中，必须将触变型流体性能加到作喷涂施工的高固体分涂料中，细粒径的二氧化硅、膨润土颜料、硬脂酸锌以及聚酰胺凝胶触变剂均为可用的助剂。汽车上的金属闪光涂料中的流挂问题特别严重，使用微胶粒子可以有效地解决这个问题。

第二节　水性涂料

第二次世界大战之后，传统的涂料组成发生了重大的变化。人们由橡胶的生产过程中得知如何制备苯乙烯-丁二烯胶乳，而在这种乳液中加入颜料之后就可以用作水性涂料了。不久之后，水性涂料就占据了内墙涂料的市场。现在，90%的内墙涂料是水性涂料，而苯乙烯-丁二烯胶乳又被更易洗、更易颜料化的聚醋酸酯、聚丙烯酸酯、乙烯-丙烯酸酯、苯乙烯-丙烯酸酯的共聚物高分子乳液所代替。

苯乙烯-丁二烯胶乳是“水性化革新”的开始。它的价格低，薄膜耐碱性好。

聚醋酸乙烯（PVA）薄膜很硬而且有些发脆。因此这种胶乳用作水性涂料要增塑，二丁基邻苯二甲酸酯曾被用作外增塑剂，但它会升华而逸出涂层。曾试验用醋酸乙烯和二丁基顺丁烯二酸酯或二丁基反丁烯二酸酯共聚而得的内增塑层。目前主要应用的共聚单体是正丁基-丙烯酸酯和2-乙基己基-丙烯酸酯，加入量约为20%。用丙烯酸酯代替顺和反丁烯二酸醋是由于它能提供较好的性质，而且1960年提出的新合成路线降低了它的价格。PVA胶乳由于含有酯基而不耐碱，而且比苯乙烯-丁二烯或丙烯酸酯胶乳对水更为敏感。用作内墙涂料时这种缺点显得不重要，但是PVA胶乳用作外墙涂料，则是不很适宜的，除非采用特殊能耐气候的配方。

PVA胶乳由于含有微量乙酸，所以带有一点酸性，所用贮藏设备必须有特殊的涂层防止金属侵蚀，以免引起胶乳凝聚或水性涂料变色。聚醋酸乙烯胶乳的颜色，能保持不变，对油脂和油的抵抗力也很好。

醋酸乙烯和乙烯及丙烯的共聚物很有价值。它们的价格低，但制备时要求用特殊的高压设备。

丙烯酸胶乳在乳胶涂料中是很有价值的。虽然它的价格较高，但能提供坚韧的有伸缩性的薄膜，具有耐久不变色和优良的抗气候性能，特别是在明亮的阳光下。它们对碱、油、油脂、湿气都有抵抗力，而且在使用后很短时间内就有很好的抗水性能。丙烯酸酯胶乳一般是甲基丙烯酸甲酯和丙烯酯的共聚物。共聚物组成可以有很大的变动，所以其性质随之发生变化。假如需要和金属黏合，就可以用顺丁烯二酸酐作聚合的单体之一。2-乙基己基丙烯酸酯也可以包含在丙烯酸酯的配方中，以获得较高的内增塑性。这个单体还可改善抗水性，赋予涂层较好的光泽，并具有低温聚合的性能。

丙烯酸酯能配成有光泽和耐久性好的保护性外层涂料，包括装饰材料，它取代了醇酸树脂的传统市场。

水性涂料用于外墙配方时，存在几个问题。首先是难于得到高光泽度，但是在美国并不追求高光泽度，所以这个问题不大。而在欧洲内墙和外墙的光泽度都重要。其次，水性涂料缺乏溶剂性涂料中提供的薄膜的完整性。加入聚合剂（如已烯乙二醇）和低分子量的增塑剂溶剂（如聚乙烯乙二醇和它们的酯）能改善这种性能，它们能使高分子的疵点聚合生成保护性薄膜。但对内墙涂料来说，保护性并不是很重要；再者水性涂料中的乳化剂和胶体稳定剂必然降低抗水性；最后是水性涂料黏结性不佳，但在多孔隙的内墙上应用，常是不成问题的。

上述诸问题在某种程度上已获得解决，其证据是在1976年美国市售外墙涂料的50%以上是水性涂料。在英国水性有光涂料也普遍应用并开始取代传统的醇酸树脂涂料。内墙和外墙乳胶涂料有两个重要的不同点，前者颜料的用量约为后者的两倍。而后者的树脂含量较高，从而具有抗气候所要求的薄膜完整性。为了使能在有光泽的白垩化的面上都能黏结，醇酸树脂和油在水性载体中要配成乳液，其含量约为（5%～10%）。

水性涂料的特点是以水为溶剂，具有以下特点：①水来源丰富，成本低廉，净化容易；②在施工中无火灾危险；③无毒；④工件经除油、除绣、磷化等处理后，可不待完全干燥即可施工；⑤涂装的工具可用水进行清洗；⑥可采用电沉积法涂装，实现自动化施工，提高工作效率；⑦用电沉积法涂出的涂膜质量好，没有厚边、流挂等弊病，工件的棱角、狭缝、焊接、边缘部位基本上涂膜厚薄一致。

由于有这些优良性能和经济效果，水溶性涂料发展速度较快，建筑上应用范围越来越广。目前，水性涂料除了在建筑行业大量使用外，在工业上主要应用阳极电泳法涂装底漆，广泛用于汽车工业和轻工业。

但水溶性涂料也还存在许多问题：①以水做溶剂，蒸发潜热高，干燥时间较长；②使用有机胺做中和剂，对人体有一定的毒性，排除的污水会造成污染；③采用电沉积法时，对底材表面处理要求较高。

胶乳涂料的配方和溶剂性涂料不同点是用水代替了有机溶剂，而颜料颗粒必须改成在水中可分散地形成。由于颜料不易在水中分散，所以必须加入颜料分散剂，例如焦磷酸四钠以及卵磷脂。保护性胶体和增稠剂能降低颜料沉降的速度。聚丙烯酸钠、羧甲基纤维素、羟乙基纤维素都属于这类助剂。它们也可以使涂层触变。消泡剂是水性涂料中很重要的组成部分。水性涂料的成分易于在罐头中以及于表面应用时发泡，所以常加三丁基磷酸酯、正十醇以及其他高级醇作消泡剂。聚合剂前面已经提过。防冻剂能防止涂料在运输和贮存时变质，常用的防冻剂有乙二醇，其作用和汽车发动机水箱防冻是一样的。最后还加入各种防霉剂和防腐剂。例如，外墙乳胶涂料中颜料总量的10%～20%是氧化锌，这是为了防霉。

第三节 粉末涂料

20世纪30年代后期聚乙烯工业化生产以后，人们想利用聚乙烯耐化学品性能好的特点，把它用在金属容器的涂装和衬里方面。但是聚乙烯不溶于溶剂中，无法制成溶剂型涂料，也没有找到把它制成衬里的黏合剂。不过却发现可以采用火焰喷涂法，把聚乙烯以熔融状态涂覆到金属表面。这就是粉末涂装的开始。1973年，世界第一次石油危机以后，从节省资源、有效利用资源角度考虑，开始注意发展粉末涂料；1979年，在世界石油危机再次冲击下，为了省资源、省能源、低公害，世界各国对粉末涂料更加重视，并且取得了不少进展。例如：粉末涂装的重点从厚涂层转移到薄涂层；粉末涂料的重点从热塑性粉末涂料转移到热固性粉末涂料。相继出现了热固性的聚酯和丙烯酸粉末涂料，在应用方面，从以防腐蚀为主转移到以装饰为主。进入20世纪80年代以后，粉末涂料工业的发展更快，在品种、制造设备、涂装设备和应用范围方面都有了新的突破，产量每年以10%以上的速度增长，到1988年，世界粉末涂料生产量超过20万吨，而到了2006年，我国粉末涂料年产量已达50万吨，居世界第二位。

粉末涂料的优点主要有：①粉末涂料不含有机溶剂，避免了有机溶剂带来的火灾、中毒和运输中的不安全问题。虽然存在粉尘爆炸的危险性，但是只要把体系中的粉尘浓度控制得当，爆炸是完全可以避免的；②不存在有机溶剂带来的大气污染，符合防止大气污染的要求；③粉末涂料是100%的固体体系，可以采用闭路循环体系，过喷的粉末涂料可以回收再利用，涂料的利用率可达95%以上；④粉末涂料用树脂的分子量比溶剂型涂料的分子量大，因此涂膜的性能和耐久性比溶剂型涂料有很大的改进；⑤粉末涂料在涂装时，涂膜厚度可以控制，一次涂装厚度可达到30～500μm，相当于溶剂型涂料几道至十几道涂装的厚度，减少了施工的道数，既利于节能，又提高了生产效率；⑥在施工应用时，不需要随季节变化调节黏度；施工操作方便，不需要很熟练的操作技术，厚涂时也不易产生流挂等涂膜弊病；容易实行自动化流水线生产；⑦容易保持施工环境的卫生，附着于皮肤上的粉末可用压缩空气吹掉或用温水、肥皂水洗掉，不需要用有刺激性的清洗剂；⑧粉末涂料不使用溶剂，是一种有效的节能措施，因为大部分溶剂的起始原料是石油。减少溶剂的用量，直接节省了原料的消耗。

由于上述优点，20世纪70年代时许多专家就预计，20世纪到80年代粉末涂装将占工业涂装的20%～30%。但十几年的实践证明，尽管粉末涂料增长速度比一般涂料快得多，但目前粉末涂料在整个涂料产量中所占比例还不多，在工业涂装中只占百分之几，没有达到预期的发展速度。这是因为粉末涂料和涂装还存在如下的缺点：①粉末涂料的制造工艺比一般涂料复杂，涂料的制造成本高；②粉末涂料的涂装设备跟一般涂料不同，不能直接使用一般涂料的涂装设备，用户需要安装新的涂装设备和粉末涂料回收设备；③粉末涂料用树脂的软化点一般要求在80℃以上，用熔融法制造粉末涂料时，熔融混合温度要高于树脂软化点，而施工时的烘烤温度又要比制造时的温度高。这样，粉末涂料的烘烤温度比一般涂料高得多。而且不能涂装大型设备和热敏底材；④粉末涂料的厚涂比较容易，但很难薄涂到15～30μm的厚度，造成功能过剩，浪费了物料；⑤更换涂料颜色、品种比一般涂料麻烦。当需要频繁调换颜色时，粉末涂料生产和施工的经济性严重受损，换色之间的清洗很费时。粉末涂料最适合于同一类型和颜色的粉末合理地长时间运转。

我国粉末涂料工业起步较晚，1965年广州电器科学研究所最先研制成电绝缘用环氧粉末涂料，在常州绝缘材料厂建立了生产能力为10t/年的电绝缘粉末涂料生产车间，产品主要以流化床浸涂法覆在汽车电机的转子和大型电机的铜排上面。1986年杭州中法化学有限公司从法国引进生产能力为1000t/年粉末涂料生产线和1500吨/年聚酯树脂生产装置，把我国粉末涂料生产技术迅速提高到新的水平。与此相配合，许多单位引进粉末涂料涂装设备和成套生产线，促进了我国粉末涂料工业的发展，在全国范围内掀起了粉末涂料和涂装热。到1990年已有近30个厂家从国外引进了粉末涂料生产设备；与此同时小型粉末涂料生产厂遍及全国，1990年生产量为10000t，生产能力达20000t。目前，我国在粉末涂料品、产量、生产设备和涂装设备等方面已经接近先进国家的水平，成为世界上粉末涂料生产大国之一，也是粉末涂料生产量增长最快的国家之一。

粉末涂料根据成膜物质的性质可分为两大类，成膜物质为热塑性树脂的叫热塑性粉末涂料，成膜物质为热固性树脂的叫热固性粉末涂料。热塑性粉末涂料和热固性粉末涂料的特性见表2-1。

一、热塑性粉末涂料

热塑性粉末涂料是由热塑性树脂、颜料、填料、增塑剂和稳定剂等成分经干混合或熔融混合、粉碎、过筛分级得到的。热塑性粉末涂料的品种有聚乙烯、聚丙烯、聚丁烯、聚氯乙烯、醋丁纤维素、尼龙、聚酯、EVA（乙烯/醋酸乙烯共聚物）、氯化聚醚和聚氟树

表 2-1 热塑性和热固性粉末涂料的特性比较

性　能	热塑性粉末涂料	热固性粉末涂料
分子量	高	中等
软化点	高～很高	比较低
颜料分散性	稍微困难	比较容易
粉碎性能	需要冷冻(或冷却)粉碎	比较容易
底漆的要求	多数情况需要底漆	不需要底漆
薄涂性	困难	比较容易
涂膜耐污染性	不好	好
涂膜耐溶剂性	比较差	好

脂等。这种粉末涂料经涂装以后，加热熔融可以直接成膜，不需要加热固化。

1. 乙烯粉末涂料

聚乙烯分低密度和高密度两种，制造粉末涂料一般都用低密度聚乙烯。这是因为高压法制造的低密度聚乙烯的熔融黏度低，适用于粉末涂装，价格便宜，涂装后应力开裂小。聚乙烯用于粉末涂装有如下优点：①耐矿物酸、耐碱、耐盐类等化学药品性能好；②树脂软化温度和分解温度间温差大，热传导性差，耐水性好；③涂膜拉伸强度、表面硬度和冲击强度等物理机械性能好；④对流化床、静电喷涂等施工适应性好；⑤涂膜电性能好；⑥原料来源丰富，价格便宜，涂膜修补容易。

缺点是机械强度差，耐磨性不好，耐候性差，不适用于户外涂装。

聚乙烯粉末涂料主要用于电线涂覆、家用电器部件、杂品、管道和玻璃的涂装，特别是从水质安全卫生考虑用于饮水管道的涂装较多。

2. 丙烯粉末涂料

聚丙烯树脂是结晶性聚合物，没有极性，具有韧性强、耐化学药品和耐溶剂性能好的特点。聚丙烯树脂的相对密度为 0.9，因此用相同质量的树脂涂布一定厚度时，就比其他树脂涂布的面积大。

聚丙烯不活泼，几乎不附着在金属或其他底材上面。因此，用作保护涂层时，必须解决附着力问题。如果添加过氧化物或极性强、附着力好的树脂等特殊改性剂，对附着力有明显的改进。聚丙烯涂膜附着力强度和温度之间的关系表明，随着温度的升高，涂膜附着力将相应下降。

聚丙烯结晶体熔点为 167℃，在 190～232℃之间热熔融附着，用任意方法都可以涂装。为了得到最合适的附着力、冲击强度、光泽和柔韧性，应在热熔融附着以后立即迅速冷却。聚丙烯是结晶性聚合物，结晶球的大小取决于从熔融状态冷却的速度；冷却速度越快，结晶球越小，表面缺陷少，可以得到细腻而柔韧的表面。聚丙烯粉末的稳定性好，在稍高温度下贮存时，也不发生胶化或结块的倾向。聚丙烯可以得到水一样的透明涂膜。聚丙烯涂膜的耐化学药品性能比较好，但不能耐硝酸那样的强氧化剂。

虽然聚丙烯不适用于其他装饰，但加入一些颜料并改变稳定性以后，保光性和其他性能会同时有所改进。一般地，涂膜经暴晒 6 个月后，保光率只有 27%，然而添加紫外线稳定剂后，经同样时间暴晒涂膜保光率仍可达 70%。聚丙烯粉末涂料主要用于家用电器部件和化工厂的耐腐蚀衬里等。

3. 聚氯乙烯粉末涂料

聚氯乙烯（PVC）粉末涂料对人们有很大吸引力。其原因是原料来源丰富、价廉并且配方的可调范围非常宽，而且可以添加增塑剂、稳定剂、螯合剂、颜料、填料、防氧化剂、流平剂和改性剂来改进涂膜的性能。

这种粉末涂料可用干混合法和熔融混合法制造。目前一般采用强力干混合法或它的改进法。采用熔融混合法制造时，涂膜耐候性可提高约10%～20%。采用熔融法制造时，要注意受热过程和稳定剂的消耗问题。

聚氯乙烯粉末涂料主要用流化床浸涂法和静电喷涂法施工。流化床浸涂用粉末涂料粒度要求100～200μm，静电喷涂用粉末涂料粒度要求50～70μm。底材的表面处理对涂膜附着力影响较大，有必要涂环氧-丙烯酸底漆。这种涂料的涂膜物理机械性能、耐化学药品性能和电绝缘性能都比较好。

聚氯乙烯粉末涂料的用途很广，最理想的用途是金属线材和导线制品涂装。其次还可以用作游泳池内金属零件、汽车和农机部件、电器产品、金属制品、日用品、体育器材等户内外用品的涂装。

4. 醋丁纤维素和醋丙纤维素粉末涂料

醋丁纤维素和醋丙纤维素的韧性、耐水性、耐溶剂性、耐候性和配色性都很好，早已在喷涂施工、注射成型等方面得到应用。醋丁纤维素和醋丙纤维素粉末涂料可以用于流化床浸涂和静电粉末喷涂法施工，但必须使用底漆以增加附着力。

醋丁纤维素和醋丙纤维素适用于薄涂膜，涂底漆后静电粉末喷涂，于230℃烘烤8～10min熔融流平。醋丙纤维素粉末涂料应符合药品与食品卫生标准，可用在与食品有关的设备零部件涂覆，例如冰箱内的货架等。

5. 尼龙粉末涂料

尼龙也称聚酰胺，其品种有很多，在粉末涂料中使用最多的是尼龙11，其次是尼龙12。尼龙11的熔融温度和分解温度之间温差较大，可以用流化床浸涂和静电粉末喷涂法施工。尼龙粉末涂料的边角覆盖力和附着力不好，对冲击强度和耐腐蚀性要求高的场合必须涂底漆。尼龙11粉末涂料相对密度小，单位质量的涂覆面积较大；其涂膜的韧性强、柔软、摩擦系数小、光滑、手感好、耐冲击性好；除了耐强酸和强碱性稍差外，耐其他化学品性能都比较好。

尼龙粉末涂料特点是机械性能、耐磨性能和润滑性能好，被用于农用设备、纺织机械轴承、齿轮和印刷辊等；因其耐化学品性能好，被用于洗衣机零件和阀门轴等；因其无毒、无臭、无腐蚀性，被用于食品加工设备和用具；降低噪声效果好、手感好、传热系数小，被用于消声部件和各种车辆的方向盘等。

6. 热塑性聚酯粉末涂料

热塑性聚酯粉末涂料由热塑性聚酯树脂、颜料、填料和流动控制剂等组成，经过熔融混合、冷却、粉碎和分级过筛得到。该粉末涂料可以用流化床浸涂法或静电粉末法施工。这种粉末涂料的涂膜对底材的附着力好，涂装时不需要底漆；涂料的贮存稳定性非常好，涂膜的物理机械性能和耐化学品性能都比较好。这种粉末涂料主要用于变压器外壳、贮槽、马路安全栏杆、货架、家用电器、机器零部件的涂装；另外还用于防腐和食品加工等设备。这种粉末涂料的缺点是耐热性和耐溶剂性较差。

7. 乙烯/醋酸乙烯共聚物（EVG）粉末涂料

这种涂料是德国Bayer公司为火焰喷涂法施工开发的品种，也可以采用注入法、流化床浸涂法和一般喷涂法施工。采用喷涂法施工时，应把金属被涂物预热到170～200℃，然后立即喷涂并熔融流平得到有光泽的涂膜。注入法用于贮槽内部的涂装，其方法为把贮槽加热到 260～300℃，粉末涂料加到槽中转动 10～20s，然后倒出未附着上去的粉末。这样已附着上去的粉末就在几秒钟内熔融流平得到平整、有光泽、没有针孔的涂膜。

该粉末涂料的优点是施工温度低、范围宽，施工时不产生有臭味的气体。涂膜的附着力、耐腐蚀性、耐化学品性、电性能和耐候性好，在低温下的涂膜柔韧性也好。由于涂膜是难燃的，修补也简单；缺点是涂膜较软。主要用途是槽衬里、管道涂膜的修补和板状物的保护。

8. 氯化聚醚粉末涂料

氯化聚醚树脂的相对分子质量约为 300000，含氯量约 45%（质量分数）。从化学结构来看，氯化聚醚是非常稳定的化合物。这种粉末涂料的涂膜物理机械性能和耐化学品性能非常好，比一般的热塑性粉末涂料耐热温度高、吸水率极小。由于该树脂的价格较贵，仅在特殊场合使用，如用于耐化学药品性能要求高的钢铁槽作衬里等。

9. 聚偏氟乙烯粉末涂料

聚偏氟乙烯树脂分子中碳原子骨架上氢原子和氟原子交叉有规则地排列。聚偏氟乙烯粉末涂料的涂膜性能有如下特点：①耐候性很好；②耐污染性很好；③耐化学药品和耐油性很好；④耐冲击性能很好；⑤耐热性好。

粉末涂料用聚氟偏乙烯的特性黏度范围在 0.6～1.2 是比较理想的。如果大于 1.2 时熔融性差，小于 0.6 时涂膜强度下降。聚偏氟乙烯粉末涂料用在化工防腐衬里等方面。

二、热固性粉末涂料

热固性粉末涂料由热固性树脂、固化剂、颜料、填料和助剂等组成，经预混合、熔融挤出混合、粉碎、过筛分级而得到粉末涂料。这种涂料中的树脂分子量小，本身没有成膜性能，只有在烘烤条件下，与固化剂反应、交联成体型结构，才能得到性能好的涂膜。热固性粉末涂料的主要品种有环氧、聚酯/环氧、聚酯、丙烯酸、丙烯酸/聚酯等品种。

1. 环氧粉末涂料

在热固性粉末涂料中，环氧粉末涂料是开发应用最早、品种最多、产量最大、用途较广的品种之一。

(1) 环氧粉末涂料用树脂　环氧粉末涂料用树脂的特点如下：a. 树脂的分子量小，树脂发脆容易粉碎，可以得到所要求的颗粒；b. 树脂的熔融黏度低，可以得到薄而平整的涂膜；c. 混合各种熔融黏度的树脂品种，可以调节熔融黏度；d. 配置的粉末涂料施工适应性好；e. 因为烘烤固化时不产生水及其他物质，所以不容易产生气泡或针孔等涂膜弊病；f. 固化后的涂膜物理机械性能和耐化学品性能好。

环氧粉末涂料用树脂品种主要有以下几种。

① 双酚 A 型环氧树脂　在粉末涂料中用得最多的还是双酚 A 型环氧树脂，该树脂是双酚 A 和环氧氯丙烷缩合而成的。在粉末涂料中适用的树脂软化点范围为 70～110℃。

② 线型酚醛环氧树脂　这种树脂是线型苯酚酚醛树脂或线型甲醛酚醛树脂和环氧氯丙烷反应而得到的固体状多官能团环氧树脂。如果把软化点 80～90℃，环氧当量 220～225 的线型酚醛环氧树脂和双酚 A 型环氧树脂配合使用，增加了树脂官能度，使固化反应速率加快、交联密度提高，使涂膜的耐热性、耐溶剂性、耐化学品性随之增加。

③ 脂环族环氧树脂　这种树脂包括乙醛缩乙二醇型、酯键型、改性型的氢化双酚 A 缩水甘油醚衍生物。这种树脂的耐候性好，熔融黏度低，但不能作为环氧粉末涂料的主要

成分，只能作为改性剂使用。

(2) 环氧粉末涂料的特点　环氧粉末涂料具有以下特点。

a. 熔融黏度低，涂膜流平性好。因为在固化时不产生副产物，所以涂膜不易产生针孔或火山坑等缺陷，涂膜外观好。

b. 由于环氧树脂分子内的羟基对被涂物的附着力好，一般不需要底漆。另外，涂膜硬度高，耐划伤性好，耐剥离性也好，耐腐蚀性强。

c. 涂料的配色性好，固化剂品种的选择范围宽。

d. 环氧树脂结构中有双酚骨架，又有柔韧性好的醚链，所以涂膜的机械性能好。

e. 因为在成膜物骨架上没有醚链，所以涂膜耐化学品性能好。

f. 涂料的施工适应性好，可用静电喷涂、流化床浸涂和火焰喷涂等方法施工。

g. 应用范围广，不仅可用于低装饰性施工，还可以用于防腐蚀和电绝缘施工。

尽管环氧粉末涂料有上述特点，但由于芳香族双酚 A 结构的影响，户外的耐候性不好。夏季在户外放置 2～3 个月，涂膜就泛黄、粉化，不过对防腐蚀性没有多大的影响。

在国外，环氧粉末涂料已经大量使用在不同口径的输油、输气管道的内外壁，小口径的上水管道等的防腐蚀，液化气钢瓶、厨房用具、电缆桥架、农用机械、汽车零部件、化工设备、建筑材料等的防锈、防腐方面；室内用电器设备、电子仪器和仪表、日用五金、家用电器、金属家具、金属箱柜等低装饰性涂装。另外还可以用作电动机转子等的电绝缘涂料。

2. 聚酯/环氧粉末涂料

这种粉末涂料是欧洲首先开发并迅速获得推广的粉末涂料品种。目前是粉末涂料中产量最大、用途最广的品种。主要成分是环氧树脂和带羟基的聚酯树脂。

聚酯树脂的价格便宜，既降低涂料成本，又可以解决纯环氧粉末涂料中涂膜泛黄和使用酸酐类固化剂带来的安全卫生问题。

在聚酯/环氧粉末涂料中，根据聚酯树脂的酸价和环氧树脂的环氧值，可以任意改变聚酯树脂的配比，该配比（以质量计）的范围一般是（90：10）～（80：20），最常用的比例是 50：50。

从聚酯树脂和环氧树脂的价格考虑，聚酯树脂比例高的类型，使用低酸树脂更经济，而且涂膜的耐候性也好，但这种体系的涂膜交联密度、耐污染性、耐碱性下降，必须选择合适的二元酸及二元醇。环氧聚酯粉末涂料的配方可以通过改变聚酯树脂的酸价和环氧树脂的环氧值来调整，而且涂膜的性能也随着烘烤条件的改变而改变。环氧聚酯粉末涂料在烘烤固化过程中，释放出的副产物很少，涂膜不容易产生缩孔等弊病，涂膜外观也比较好。从涂膜物理机械性能来看，跟环氧粉末涂料差不多。在耐化学品方面，除了耐碱性外，其他性能接近环氧粉末涂料。在耐候性方面，如果环氧树脂用量超过一半，则耐候性和环氧粉末涂料差不多，环氧树脂用量越少越好。

环氧聚酯粉末涂料的低温固化是通过提高聚酯树脂端基羟基的活性，或者在树脂成分中大量使用对苯二甲酸，同时使用咪唑或碱类固化剂，可以把固化温度降为 140℃。

环氧聚酯粉末涂料的静电喷涂施工性能好、涂料的配方范围宽，可以制造有光、无光、美术、耐寒、防腐、高装饰等各种要求的粉末涂料。目前主要用于洗衣机、电冰箱、电风扇等家用电器、仪器仪表外壳、液化气罐、灶具、金属家具、文件资料柜、图书架、汽车、饮水管道等的涂装。

3. 聚酯粉末涂料（含聚氨酯粉末涂料）

聚酯粉末涂料是继环氧粉末涂料和聚酯/环氧粉末涂料发展起来的耐候性粉末涂料，其产量在热固性粉末涂料中占第三位。在性能方面，其耐候性比丙烯酸粉末涂料差一些，但作为户外涂料具有足够的耐候性，而且涂膜的平整性、防腐蚀性及机械强度都很好，总的看来是比较好的粉末涂料品种之一。

（1）粉末涂料用聚酯树脂　热固性粉末涂料用聚酯主要由对苯二甲酸、间苯二甲酸、邻苯二甲酸、偏苯三甲酸、均苯四甲酸、己二酸、壬二酸、葵二酸、顺丁烯二酸、多元羧酸或酸酐与乙二醇、丙二醇、新戊二醇、甘油、三羟甲基丙烷、季戊四醇等多元醇经缩聚得到，相对分子质量范围是1000～6000。在合成聚酯树脂过程中，使多元羧酸或多元醇过量，聚酯树脂端基上便带有羧基或羟基。一般羧基树脂的酸价范围是30～100，用异氰脲酸三缩水甘油酯等缩水甘油基化合物等交联固化；羟基树脂的羟基值范围是30～100，用封闭型异氰酸酯、固体氨基树脂等交联固化。

用于粉末涂料的聚酯树脂应具有以下条件。

a. 树脂的玻璃化温度应在50℃以上，脆性好，容易粉碎成细粉末，配制成粉末涂料后在40℃不结块。

b. 树脂的熔融黏度低，成膜固化后容易得到薄而平整的涂膜。

c. 配置粉末涂料后，所得涂膜的物理机械性能、耐水、耐化学品性、耐候性、耐热性等良好。

从合成设备和工艺考虑，合成聚酯树脂有常压缩聚法、减压缩聚法和减压缩聚-解聚法。常压缩聚法的聚合度一般在10以下，很难制得相对分子质量在2000以上的稳定产品。作为粉末涂料的聚酯树脂，要求聚合度在7～30，用减压缩聚法可达到此要求。所以，减压缩聚法已成为粉末涂料用树脂合成的常用方法。为了改进减压缩聚中调节聚合度的难题，以生产出产品质量稳定的树脂，可以采用缩聚-解聚法，该方法容易控制树脂的聚合度。

生产中改变共聚物组成、分子量、支化程度和官能团都可以改变聚酯树脂的结构和性能。

（2）聚酯粉末涂料用固化剂　聚酯粉末涂料用固化剂或交联树脂的要求与一般粉末涂料一样，主要品种有：①三聚氰胺树脂；②封闭型二异氰酸酯；③异氰脲酸三缩水甘油酯；④酸酐类；⑤过氧化合物。

（3）聚酯粉末涂料的特点　聚酯粉末涂料的特点之一是固化形式多样，涂料的品种多。通过不同醇、羧酸组成的选择，可以合成不同玻璃化温度、熔融指数、熔融黏度、耐结块性的聚酯树脂，也可以合成不同反应基团和反应活性的聚酯树脂。其次又可以通过采用不同固化形式，得到涂膜物理机械性能和耐化学品性能不同的粉末涂料。在聚酯粉末涂料中，某些品种的涂膜物理机械性能、耐化学品性能、防腐性能接近环氧粉末涂料；某些品种的涂膜耐候性和装饰性又接近丙烯酸粉末涂料。因此，聚酯树脂粉末涂料不仅可以用于防腐，而且可以大量用于耐候的装饰性涂装。用于耐候性方面，主要用异氰脲酸三缩水甘油酯和封闭型异佛尔酮二异氰酸酯固化聚酯粉末涂料。该涂料可以用于马路栏杆、交通标志、钢门窗、农用机械、汽车、拖拉机、钢制家具、洗衣机、电冰箱、电风扇、空调设备和电器产品等方面。用于防腐方面，可以用封闭型芳香族二异氰酸酯固化粉末涂料，还可以用在快速固化的预涂钢板（PCM）方面。

4. 丙烯酸粉末涂料

丙烯酸粉末涂料有热塑性和热固性两种。热塑性丙烯酸粉末涂料的光泽好、涂膜平整，但涂膜物理机械性能、耐化学品性能差，不能获得比溶剂型丙烯酸粉末涂料更好的性能，因而热塑性丙烯酸粉末涂料没有得到推广。目前推广应用的主要是热固性的丙烯酸粉末涂料。

(1) 丙烯酸粉末涂料用树脂　丙烯酸粉末涂料用树脂的基本要求和环氧、聚酯粉末涂料用树脂一样。丙烯酸树脂的特性取决于所用单体的性质。在丙烯酸树脂中，硬单体含量增加时，树脂的玻璃化温度升高，涂膜硬度增加，但相应的涂膜柔韧性降低。当丙烯酸酯单体的碳原子数目增加时，涂膜柔韧性增加，但涂膜硬度、耐污染性和耐水性相应降低。在丙烯酸树脂中，引进反应性单体数目增加时，树脂的反应活性增加，成膜时交联密度高，提高涂膜耐化学品性能和硬度，还可以改进涂膜的附着力。一般丙烯酸树脂都是共聚物。

聚合丙烯酸树脂常采用的制备方法有本体聚合、溶液聚合、悬浮聚合、乳液聚合。从树脂分子量的控制和产品质量的稳定性考虑，大多采用溶液聚合，其缺点是溶剂的处理量大。本体聚合的工艺简单，但树脂合成时黏度较大，不易除去反应热，树脂的分子量及分子量分布不易控制。悬浮聚合和乳液聚合过程中不用有机溶剂，反应容易控制，但树脂分子量较大，不易除去树脂中含有的水溶性悬浮剂和乳化剂，影响涂膜耐水性。

① 羟基丙烯酸树脂　这种树脂在共聚物中引进带羟基的反应性单体，如甲基丙烯酸羟乙酯、甲基丙烯酸羟丙酯、丙烯酸羟乙酯和丙烯酸羟丙酯等，该类树脂常用溶液聚合法合成。

② 羧基丙烯酸树脂　这种树脂在共聚物中引进带羧基的反应性单体，如丙烯酸、甲基丙烯酸、顺丁烯二酸和衣康酸等，这种树脂常用溶液聚合法合成。

③ 缩水甘油基丙烯酸树脂　这种树脂在共聚物中引进带缩水甘油基的反应性单体，如甲基丙烯酸缩水甘油酯和丙烯酸缩水甘油酯，这类树脂常采用溶液聚合法合成。

④ 羟甲基酰氨基丙烯酸树脂　这种树脂在共聚物中引进带羟甲基酰氨基的反应性单体，如羟甲基丙烯酰胺和烷氧甲基丙烯酰胺等，这类树脂常采用本体聚合法合成。

(2) 丙烯酸粉末涂料用固化剂　丙烯酸粉末涂料用固化剂的基本要求和一般热固性粉末涂料用固化剂一样。在溶剂型丙烯酸涂料中羟基树脂用氨基树脂交联的占主流，但在粉末涂料中则缩水甘油基树脂用多元羧酸固化剂的占主流。

① 羟基树脂固化剂　羟基丙烯酸树脂的固化剂有氨基树脂、酸酐、封闭型异氰酸酯、羧酸和烷氧甲基异氰酸酯加成物等。在这些固化剂中，氨基树脂固化丙烯酸粉末涂料的贮存稳定性不好；用封闭型异氰酸酯固化的粉末涂料成本又比较贵。

② 羧基树脂固化剂　羟基丙烯酸树脂的固化剂有多元羟基化合物、环氧树脂、唑啉和环氧基化合物等。这些固化剂中应用最多的还是环氧树脂。这种体系没有反应副产物，涂膜物性和耐化学品性能好，但用双酚 A 型环氧树脂固化粉末涂料的涂膜耐光性和耐候性不好。

③ 缩水甘油基树脂固化剂　缩水甘油基丙烯酸树脂的固化剂有多元羧酸、多元酸、多元酚、酸酐和多元羟基化合物。从粉末涂料和涂膜的综合性能考虑，脂肪族多元羧酸是最好的固化剂，目前在丙烯酸粉末涂料中占主要地位。这种涂料固化过程的主要反应为丙烯酸树脂的环氧基和多元羧酸的羧基之间的开环加成反应，除此之外还有羟基之间的醚化

反应以及羟基和羧基之间的酯化反应等。这种丙烯酸粉末涂料的涂膜性能比溶剂型涂料好，已经广泛应用于建筑材料、家用电器、卡车面漆、交通标志等耐候性高装饰方面。

④ 自交联固化　烷氧甲基酰氨基丙烯酸树脂粉末涂料在高温烘烤时可以自交联固化。如果在粉末涂料配方中加醋酸丁酯纤维素等改性剂时，可以改进涂膜外观。这种体系的粉末涂料缺点是贮存稳定性不好。

(3) 丙烯酸粉末涂料的特点　丙烯酸粉末涂料的最大特点是涂膜的保光性、保色性和户外耐久性比环氧、聚酯环氧、聚酯粉末涂料的涂膜性能好，最适用于户外装饰性涂料。

热固性丙烯酸粉末涂料的附着性好，不用涂底漆。另外对静电粉末涂料的适应好，静电平衡的涂膜厚度比环氧粉末涂料薄，最低达 30～40μm，可作为薄涂性粉末涂料。它主要应用于电冰箱、洗衣机、空调、电风扇等家用电器，及钢制家具、交通器材、建筑材料、车辆。

5. 丙烯酸/聚酯粉末涂料

丙烯酸/聚酯粉末涂料的主要成膜物质是带缩水甘油基丙烯酸树脂和带羧基聚酯树脂，通过这两种树脂中的缩水甘油基和羧基之间的加成反应交联成膜。在丙烯酸/聚酯粉末涂料中，进一步拼用封闭型异氰酸酯的带有缩水甘油基丙烯酸树脂/封闭型异氰酸酯/羧基-羟基聚酯树脂体系可以得到均匀的固化涂膜。

在丙烯酸树脂中，缩水甘油基和羧基并存，可以提高涂膜的交联密度，这种粉末涂料的涂膜柔韧性和耐污染性优异，可以和聚酯/封闭型聚氨酯体系的涂膜性能相媲美，适用于高装饰性的预涂钢板（PCM）。

三、特殊粉末涂料

(1) 电泳粉末涂料　电泳粉末涂料是在有电泳性质的阳离子树脂（或阴离子树脂）溶液中，使粉末涂料均匀分散而得到的涂料。在电泳粉末涂料中的阳离子树脂（或阴离子树脂）把粉末涂料粒子包起来，使粉末涂料粒子在电场中具有强的泳动能力。当在电泳粉末涂料中施加直流电时，由于电解、电泳、电沉积、电渗四种作用，在阴极（或阳极）析出涂料，经过烘烤固化得到涂膜。

电泳粉末涂料的优点：a. 短时间单涂装可以得到 40～100μm 的涂膜厚度，涂装效率高；b. 库仑效率高，便于通过改变电压和电极位置来控制涂膜厚度；c. 可以得到高性能的涂膜，它的性能相当于基料性能加粉末涂料所具有的所有性能。不需要锌系磷化处理，仅用铁系磷化处理或脱脂处理就可以得到良好的涂膜性能；d. 安全卫生性比较好，不存在静电粉末涂装那样的粉尘爆炸和粉尘污染等问题；e. 电泳涂装后水洗下来的涂料可以回收利用，涂料的利用率高；f. 和阴极电泳涂料相配合，在电泳粉末涂料上面不烘烤直接进行阴极电泳涂装，然后一次烘烤得到性能和泳透力很好的涂膜，形成湿碰湿的新涂装体系。

电泳粉末涂料是既有粉末涂料的涂膜性能，又有电泳涂膜的施工性能，是一种比较理想的涂料品种，然而它也有如下缺点：a. 由于粉末涂料的粒子大，沉积时不能增加电阻，所以电泳粉末涂料的泳透力比阳离子电泳涂料泳透力差；b. 因为沉积的涂膜中含有水分，迅速加热时容易产生针孔，所以需要预烘烤，给施工应用带来麻烦。

电泳粉末涂料一般要求电泳涂料的基料与粉末涂料的基料具有相容性，固化时自固化或与粉末涂料中的树脂交联固化，而且对粉末涂料的润湿性、电沉积性要好；同时粉末涂料要有适合于电泳的粒度。

电泳粉末涂料的制造方法主要有：a. 水中分散粉末涂料粒子；b. 电泳涂料中分散粉末涂料粒子；c. 电沉积水溶液中分散粉末涂料粒子；d. 电沉积水溶液中分散树脂和颜料。

(2) 水分散粉末涂料　水分散粉末涂料（又叫浆体涂料）是将树脂、固化剂、颜料、填料及助剂经熔融混合、冷却、粉碎、过筛得到的粉末涂料分散到水介质中得到的；或者粉末状树脂及其他涂料组分分散在水介质中得到的；或者溶剂型涂料经沉淀得到湿涂料，然后再加必要的水、分散剂、增稠剂和防腐剂等分散得到浆体涂料。

① 水分散粉末涂料的特点　这种涂料既有水性涂料特点，又有粉末涂料的特点，但和水性涂料比有以下列优点：a. 不用有机溶剂，不会引起大气污染；b. 一次涂装就可以得到较厚的涂膜 70～100μm；c. 比乳胶涂料水溶性助剂用量少；d. 水分挥发快，烘烤前放置时间短，涂装后马上可以烘烤；e. 比水溶性涂料水溶性物质小，没有水溶性胺类等有害杂质，废水处理比较容易；f. 施工中湿度的影响要比水溶性涂料小，对喷涂室的污染小。

和粉末涂料比，有以下优点：a. 溶剂型涂料的涂装设备经过简单改装后直接可以用于该涂料的涂装；b. 可以采用一般溶剂型涂料和水性涂料常用的喷涂、浸涂和流涂等施工办法；c. 可以得到 15～20μm 厚度的涂膜，涂膜厚度在 40μm 时，外观很平整；d. 可以得到和溶剂型涂料一样的金属闪光型涂料；e. 在施工中，清洗和改变涂料颜色比较容易；f. 在施工中，没有粉尘飞扬、爆炸的危险性。

然而，这种涂料的制造工艺比较复杂，在制造过程中要回收大量的溶剂，制造成本高；另外烘烤温度高，湿涂膜的水分较高，烘烤过程中易起泡。

② 涂料的制造方法　这种涂料的制造方法基本上是溶剂型和粉末涂料制造方法的结合，可分为半湿法和全湿法两种。半湿法是在按常规粉末涂料制造方法制造的粉末涂料中加水、分散剂、防腐剂、防锈剂和增稠剂等助剂，研磨到一定的细度，调节黏度得到所需要的固体分浓度。全湿法又有几种方法，一种是在粉末状树脂、颜料、填料、分散剂和增稠剂等物料中加水研磨至所需粒度，然后调节黏度到所需要的固体分浓度。另外一种是先合成树脂溶液，然后加固化剂等其他涂料成分研磨到一定的细度，用双口喷枪喷到一定量的水中，使固体状的涂料粒子被析出来。由于气泡的悬浮作用，颜料浮到水面由传送带带出，经过滤、洗涤得到一定含水量的厚水浆涂料半成品。用这种方法得到的水分散粉末涂料的粒度分布均匀，粒子近似球形，涂料的施工性能和涂膜完整性好。

③ 涂料的施工及应用　该涂料可以用空气喷涂法、静电喷涂法、浸涂法、流涂法和滚涂法施工，其中空气喷涂法和静电喷涂法的效果比较好。用静电喷涂法施工时，喷涂室的温度为 10～30℃，湿度为 50%～70%，风速为 0.4～0.6m/s。

该涂料应用在涂装圆筒状的热水器、炊具、邮筒和小口径管道等形状简单的工件或土建机械、农机、冷冻设备和合成纤维机械等复杂工件和自动售货机、家用电器、变压器和存物箱等箱体。该涂料的特殊用途是作为粉末涂料的补充。

(3) 美术型粉末涂料　在粉末涂料中，如果改变树脂、固化剂、颜料、填料和助剂的品种和用量，可以得到皱纹、锤纹、龟甲纹和金属闪光等美术型涂料，还可以得到半光和无光涂料。

① 皱纹粉末涂料　皱纹型的粉末涂料是由树脂、固化剂、固化促进剂、颜料、填料和助剂组成的，皱纹图案的形成主要取决于固化剂、固化促进剂的用量，还取决于颜料、填料品种和用量，粉末涂料的粒度也有一定的影响。通过调节涂料配方，可以得到涂膜外

观像合成革那样细皱纹至粗砂纸一样粗糙的皱纹。

一般皱纹型粉末涂料的特点是胶化时间短，水平熔融流动性小。形成皱纹型涂层的主要原理：一是粉末涂料的固化速度快，胶化时间短，当粉末涂料熔融流平固化时，还没有很好地流平时涂膜已经固化；二是粉末涂料中添加了影响粉末涂料熔融流动性的填料，如滑石粉、氧化镁、二氧化硅等，降低粉末涂料的熔融流动性，使粉末涂料只能熔融流平到表面与砂纸一样时固化，得到皱纹型涂膜。

该皱纹型粉末涂料广泛用于有隐匿缺陷的翻砂或热轧钢工件上。和溶剂型皱纹或纹理涂料相比，该涂料的涂膜外观令人满意，且生产成本较低。

② 锤纹粉末涂料　虽然粉末涂料不能得到像溶剂型涂料那样吸引人的锤纹涂膜，但可以得到小而紧密的锤纹图案。锤纹图案是通过加特殊的锤纹助剂得到的。锤纹助剂可用有机硅树脂或非有机硅树脂，以干混合法加到粉碎的粉末涂料中。用有机硅树脂得到的图案类似于溶剂型涂料的涂膜外观，但容易产生针孔，而非有机硅树脂能得到比有机硅更好的图案。锤纹粉末涂料可以用在铸件、点焊件等方面。由于涂膜可能产生针孔，不适用户外耐久性涂装。

③ 龟甲纹粉末涂料　龟甲纹粉末涂料又称花纹粉末涂料，其涂膜是在凹的部分呈立体背景的色斑纹、在突的部分呈深的颜色或金属光泽，形成鲜明的对比，从而得到龟甲纹的图案。其涂膜是在一层涂膜中呈现锤纹、皱纹、金属闪光等性能。

龟甲纹粉末涂料和一般粉末涂料有较大的差别，在涂料组成中有漂浮剂、漂浮颜料及凹面形成剂。在制造方法上，先制成底材粉末，再与助剂混合。龟甲纹粉末涂料的涂膜颜色和龟甲纹图案取决于底材的组成和颜色、漂浮剂组成和漂浮颜料的品种及它们的用量。该涂料的主要成膜机理为：粉末涂料静电喷涂后熔融流平时，底材成分就形成凹凸不平的涂面，同时漂浮剂和漂浮颜料也就熔融分散并漂浮在底材涂面的凸部分，最后固化得到涂膜的凹部分颜色为底材涂料颜色，涂膜的凸部分为漂浮颜料色，不过凹凸部分的颜色都是复合颜色。该涂料的用途和锤纹、皱纹涂料相同。

④ 半光和无光粉末涂料　能够得到半光和无光粉末涂料的方法很多，如改变固化剂或固化促进剂的品种和用量；混合两种不同反应活性的粉末涂料或互溶性不好的粉末涂料；添加互溶性不好的聚乙烯、聚丙烯和聚苯乙烯等树脂；添加有消光作用的硬脂酸盐、氢化蓖麻油、石蜡、聚乙烯蜡等助剂；添加有明显消光作用的颜料和填料等。在设计半光和无光粉末涂料配方时，要注意控制助剂和填料等的添加量，使粉末涂料的贮存稳定性和涂膜的物理机械性能不受影响。半光和无光粉末涂料主要用于仪器仪表外壳、收藏架、电器开关柜、隔板等的涂装。

【阅读材料】

我国粉末涂料工业起步较晚，1965 年，广州电器科学研究所最先研制成电绝缘用环氧粉末涂料，在常州绝缘材料厂建立了生产能力为 10t/年的电绝缘粉末涂料生产车间，产品主要以流化床浸涂法覆在汽车电机的转子和大型电机的铜排上面。1968 年，上海无线电 24 厂研制聚乙烯粉末涂料，并用静电粉末喷涂法成功地用到步发机外壳涂装方面；同期，上海国棉 39 厂等也开始用火焰喷涂法喷涂尼龙粉末，成功地用到纺织机械方面；还有一些单位试图将氯化聚醚粉末用到化工防腐方面。1976 年，原化工部涂料研究所研制出静电粉末喷涂用装饰展性环氧粉末涂料，成功地用到步发机、电影机等方面。1979 年，该所又研制出防腐用环氧粉末涂料，成功地用到汽车零件方面。1983 年，在原化工部涂料研究所协作下，成都电器厂建成了全国最大的生产能力为300t/年的粉末涂料生产线。1984年，我国粉末涂料生产量达到600t，其中一半是由江苏省江都县华阳化工厂生产的，该厂成为全国最大的粉末涂料生产厂。这一时期生产的粉末涂料主要是纯环氧粉末涂料，涂料的品种、生产设备和涂装设备方面都比较落后。自从1985年无锡造漆厂从英国Mander公司引进产量为300t/年的粉末涂料生产线，1986年杭州中法化学有限公司从法国引进生产能力为1000t/年的粉末涂料生产线和1500t/年的聚酯树脂生产装置以后，我国粉末涂料生产技术迅速提高到新的水平。

思考题

1. 溶剂型涂料中溶剂的作用是什么？溶剂如何分类？
2. 如何降低溶剂型涂料的VOC排放？
3. 水性涂料与溶剂型涂料有何不同？
4. 粉末涂料有哪些特点？

第三章　典型涂料的生产技术

【学习目标】 了解常见的重要涂料，掌握醇酸树脂涂料的生产方法和生产技术及生产过程中涉及的基础理论以及常用设备。

第一节　醇酸树脂涂料

自从1927年发明醇酸树脂以来，涂料工业发生了一个新的突破，涂料工业开始摆脱以干性油与天然树脂并合熬炼制漆的传统旧法而真正成为化学工业的一个部门。它所用的原料简单，生产工艺简便，性能优良，因此得到了飞快发展。

用醇酸树脂制成的涂料，有以下特点。

① 漆膜干燥后形成高度网状结构，不易老化，耐候性好，光泽持久不退。

② 漆膜柔韧坚牢，耐摩擦。

③ 抗矿物油、抗醇类溶剂性良好。烘烤后的漆膜耐水性、绝缘性、耐油性都大大提高。

醇酸树脂涂料也有一些缺点。

① 干结成膜快，但完成干燥的时间长。

② 耐水性差，不耐碱。

③ 醇酸树脂涂料虽不是油漆，但基本上还未脱离脂肪酸衍生物的范围，在防湿热、防霉菌和盐雾等性能上还不能完全得到保证。因此，在品种选择时都应加以考虑。

一、醇酸树脂的原料

醇酸树脂是由多元醇、多元酸和其他单元酸通过酯化作用缩聚而得的。其中多元醇常用的是甘油、季戊四醇，其次为三羟甲基丙烷、山梨醇、木糖醇等。多元酸常用邻苯二甲酸酐，其次为间苯二甲酸、对苯二甲酸、顺丁烯二酸酐、癸二酸等。单元酸常用植物油脂肪酸、合成脂肪酸、松香酸。其中，以油的形式存在的如桐油、亚麻仁油、梓油、脱水蓖麻油等干性油，豆油等半干性油和椰子油、蓖麻油等不干性油；以酸的形式存在的如上述油类水解而得到混合脂肪酸和合成脂肪酸、十一烯酸、苯甲酸及其衍生物等。

生产醇酸树脂最常用的多元醇是甘油，其官能度是3，最常用的多元酸是苯酐，其官能度是2。当苯酐和甘油反应以等物质的量之比反应时，反应式如下：

$$3\,C_6H_4(CO)_2O + 2\,HO-CH_2-CH(OH)-CH_2-OH \rightleftharpoons HO-CO-C_6H_4-CO-O-CH_2-CH(OH)-CH_2-O-CO-C_6H_4-CO-O-CH_2-CH(OH)-CH_2-O-CO-C_6H_4-CO-OH + 2H_2O$$

初步得到的酯官能度为4，如两个这样的分子反应，分子间产生交联，则形成体型结构的树脂。该树脂加热不熔化，也不溶于溶剂，称之为热固性树脂，在涂料方面没有使用价值。后来采用了以脂肪酸来改性聚酯，这一步骤极为重要，不但改进了聚酯的性能，而且成了涂料的主要基料。

主要的改性方法是引进官能度为1的脂肪酸来降低总官能度。如等分子比的甘油、苯酐和脂肪酸三个成分反应，则可视为在适当的情况下，脂肪酸与甘油先反应生成官能度为2的产物，之后苯酐再与之反应，则官能度之比为2：2，易生成链状结构而不胶化，形成热塑性树脂。该树脂加热可以熔化，也可溶于溶剂，能作涂料使用。

二、醇酸树脂的分类

1. 按油品种不同分类

通常根据油的干燥性质，分为干性油、半干性油和不干性油三类。干性油主要是碘值在140以上，油分子中平均双键数在6个以上，它在空气中能逐渐干燥成膜。半干性油主要是碘值在100～140之间，油分子中平均双键数在4～6个，它经过较长时间能形成黏性的膜。不干性油主要是碘值在100以下，油分子中平均双键数在4个以下，它不能成膜。油的干性除了与双键的数目有关外，还与双键的位置有关。处于共轭位置的油，如桐油，有更强的干性。工业上常用碘值，即100g油所能吸收的碘的克数，来测定油类的不饱和度，并以此来区分油类的干燥性能。干性油的碘值在140以上，常用的有桐油、梓油、亚麻油等。半干性油的碘值在100～140之间，常用的有豆油、葵花籽油、棉籽油等。不干性油的碘值在100以下，有蓖麻油、椰子油、米糠油等。

（1）干性油醇酸树脂　由不饱和脂肪酸或干性油、半干性油为主改性制得的树脂能溶于脂肪烃、萜烯烃（松节油）或芳烃溶剂中，干燥快、硬度大而且光泽较强，但易变色。桐油反应太快，漆膜易起皱，可与其他油类混用以提高干燥速率和硬度。蓖麻油比较特殊，它本身是不干性油，含有约85%的蓖麻油酸，在高温及催化剂存在下，脱去一分子水而增加一个双键，其中约20%～30%为共轭双键。因此脱水蓖麻油就成了干性油。由它改性的醇酸树脂的共轭双键比例较大，耐水和耐候性都较好，烘烤和曝晒不变色，常与氨基树脂拼合制烘漆。

（2）不干性油醇酸树脂　由饱和脂肪酸或不干性油为主来改性制得的醇酸树脂，不能在室温下固化成膜，需与其他树脂经加热发生交联反应才能固化成膜。其主要用途是与氨基树脂拼用，制成各种氨基醇酸漆，具有良好的保光、保色性，用于电冰箱、汽车、自行车、机械电器设备，性能优异；其次可在硝基漆和过氯乙烯漆中作增韧剂以提高附着力与耐候性。醇酸树脂加于硝基漆中，还可起到增加光泽，使漆膜饱满，防止漆膜收缩等作用。

2. 按油含量不同分类

树脂中油含量用油度来表示。油度的定义是树脂中应用油的质量和最后醇酸树脂的理论质量的比。

（1）短油度醇酸树脂　树脂的油度在35%～45%。可由豆油、松浆油酸、脱水蓖麻油和亚麻油等干性半干性油制成，漆膜凝结快，自干能力一般，弹性中等，光泽及保光性好。烘干干燥快，可用作烘漆。烘干后，短油度醇酸树脂比长油度的硬度、光泽、保色、抗摩擦性能都好，用于汽车、玩具、机器部件等方面作面漆。

（2）中油度醇酸树脂　树脂的油度在46%～60%之间。主要以亚麻油、豆油制得，是醇酸树脂中最主要的品种。这种涂料可以刷涂或喷涂。中油度漆干燥很快，有极好的光泽、耐候性、弹性，漆膜凝固和干硬都快，可烘干，也可加入氨基树脂烘干。中油度醇酸树脂用于制自干或烘干磁漆、底漆、金属装饰漆、车辆用漆等。

(3) 长油度醇酸树脂　树脂的油度为60%～70%。它有较好的干燥性能，漆膜富有弹性，有良好的光泽，保光性和耐候性好，但在硬度、韧性和抗摩擦性方面不如中油度醇酸树脂。另外，这种漆有良好的刷涂性，可用于制造钢铁结构涂料、户室内外建筑涂料。因为它能与某些油基漆混合，因而用来增强油基树脂涂料，也可用来增强乳胶漆。

(4) 超长度油度醇酸树脂　树脂的油度在70%以上。其干燥速度慢、易刷涂。一般用于油墨及调色基料。

总之，对于不同油度的醇酸树脂，一般说来，油度越高，涂膜表现出的特性越多，比较柔韧耐久，漆膜富有弹性，适用于室外用涂料；油度越短，涂膜表现出的特性少，比较硬而脆，光泽、保色、抗磨性能好，易打磨，但不耐久，适用于室内涂料。

(5) 油度的计算

计算公式如下：

$$油度(\%)=\frac{油用量}{树脂理论产量}\times 100\%$$

对于油改性醇酸树脂，其油度计算公式如下：

$$油度(\%)=\frac{油用量}{多元醇的用量+多元酸的用量+油的用量-反应水量}\times 100\%$$

【例 3-1】 已知一醇酸树脂涂料的配方：(单位 g)

亚麻仁油	100	氧化铅	0.015
甘油 (98%)	43	二甲苯	200
苯酐 (99.5%)	74.5		

求：该树脂的油度。

解　在反应过程中，苯酐损耗2%，亚麻油和甘油损耗不计，甘油超量加入，3mol苯酐视为全部反应而生成3mol水。

根据油改性醇酸树脂油度的计算公式：

$$油度(\%)=\frac{油用量}{多元醇的用量+多元酸的用量+油的用量-反应水量}\times 100\%$$

分别计算油用量、多元醇用量、多元酸用量和反应水量。

多元醇 (甘油) 用量：43×98%＝42g

多元酸 (苯酐) 用量：(74.5－74.5×2%) ×99.5%＝73g

油 (亚麻仁油) 用量：100g

反应水量：酯化出来的水量为苯酐量的 54÷444＝12%，酯化失去的水量为 73×12%＝9g

树脂含油量 (油度) 为：

$$\frac{100}{42+73+100-9}\times 100\%=49\%$$

三、醇酸树脂配方的计算

在生产醇酸树脂的时候，需要一个恰当的配方，以期能达到所要求的酯化程度和酸值。所以在制订配方时要注意：多元醇、多元酸、脂肪酸之间的比例，要求的酸值，制造方法等。可用分子比作基础来考虑这些问题，但油漆的传统概念总是以油度来考虑，把醇酸树脂分为短、中、长油度三类。所以要结合二者来计算。

在脂肪酸（C_{18}）：苯酐：甘油（分子比）=1：1：1时，其平均官能度为2，这个树脂理论上能酯化完全，它的油度约为60%。油度高于此树脂时，其平均官能度将小于2，可以酯化完全。油度小于此树脂时，其平均官能度将大于2，会导致早期胶化，所以需采用多元醇过量的办法以降低平均官能度。表3-1是不同油度的干性油醇酸树脂多元醇的参考过量数。这里多元醇的过量是相对于苯酐而言的，我们用 r 表示。

应用表3-1数值，结合油度计算公式可计算出各组分的量，再通过 K 值分析（注意制造方法），然后进行试验，找出酸值与黏度关系，再修订配方。胶化过早，可增加多元醇的用量；酸值小，黏度很低则减少多元醇的用量。再经过试验，再进行修订，反复几次，可得到一个工艺可行的较好的生产配方。

表3-1　不同油度醇酸树脂参考羟基过量数

油度/%	与苯酐酯化过量羟基数		油度/%	与苯酐酯化过量羟基数	
	甘　油	季戊四醇		甘　油	季戊四醇
65	0	5	50～55	10	30
62～65	0	10	40～50	18	35
60～62	0	18	30～40	25	—
55～60	5	25			

【例3-2】 计算一个豆油醇酸树脂的配方，它由对苯二甲酸酐、工业季戊四醇及豆油制成，油度为62.5%。苯酐摩尔质量74（基本单元为1/2$C_8H_4O_3$），工业季戊四醇摩尔质量为35.4（基本单元为1/4$C_5H_{12}O_4$）。

解　查多元醇的过量为10%（据表3-1），以2mol苯酐为计算基准

根据油度的计算公式：

$$油度(\%)=\frac{油用量}{多元醇的用量+多元酸的用量+油用量-反应水量}\times100\%$$

可以推导出油用量的计算公式如下：

$$油用量=(多元醇的用量+多元酸的用量-反应水量)\frac{油度}{1-油度}$$

$$油用量=62.5\%\times[2\times35.4+2\times74+2\times35.4\times10\%-18]\div(1-62.5\%)$$

$$=346.5g$$

则醇酸树脂的配方为（单位g）：

豆油　　346.5

季戊四醇　　77.9（70.8+7.1）

苯酐　　148.0

配方解析

成　分	加料量/kg	e_A/mol	e_B/mol	m_0	树脂成分/%
豆油	346.5	1.183	—	1.183	62.5
甘油(油内)	—	—	1.183	0.394	—
季戊四醇(工业品)	77.9	—	2.200	0.550	14.05
苯酐	148.0	2.000	—	1.000	26.75
总计	572.4	3.183	3.383	3.127	103.30
理论出水量	18.0	—	—	—	3.3
醇酸树脂的得量	554.4	—	—	—	100.0

注：表中 e_A 表示酸的物质的量；e_B 表示醇的物质的量；m_0 表示分子总数。

$$r=\frac{e_B}{e_A}=2.200\div 2=1.10$$

$$K=m_0/e_A=3.127\div 3.183=0.981$$

我们也可以通过 K 值计算多元醇的过量数，将醇酸树脂的配方计算出来。

设 e_{A1} 表示油的物质的量；e_{A2} 表示苯酐的物质的量；r 表示多元醇量对苯酐量的过量比值；x 表示多元醇的官能度。

$$K=[e_{A1}+e_{A2}/2+e_{A1}/3+re_{A2}/x]/(e_{A1}+e_{A2})$$

$$r=[K(e_{A1}+e_{A2})-e_{A1}-e_{A2}/2-e_{A1}/3]x/e_{A2}$$

如每次配方苯酐用量都是2mol为基础，则 e_{A2} 为2。则：

$$r=[e_{A1}(K-4/3)+2K-1]x/2 \tag{3-1}$$

如多元醇为甘油，$K=1$，$x=3$，则

$$r=3/2-e_{A1}/2 \tag{3-2}$$

如多元醇为季戊四醇，$K=1$，$x=4$，则

$$r=2-2e_{A1}/3 \tag{3-3}$$

【例 3-3】 拟定一个55%油度亚麻油醇酸树脂的配方。K 值为1，多元醇用甘油。

解　以2mol苯酐为计算基准

按式(3-2)　　$r=3/2-e_{A1}/2$

$$油度/100=293e_{A1}/[130+293e_{A1}+r\times 2\times 31]$$

$$0.55=293e_{A1}/[130+293e_{A1}+(3/2-e_{A1}/2)\times 2\times 31]$$

$$e_{A1}=0.824\text{mol}$$

醇酸树脂配方为：亚麻油　$0.824\times 293=241.40$

甘油　$(3-0.824)\times 31=67.50$

苯酐　$2\times 74=148.00$

配方解析

成　分	加料量/kg	e_A/mol	e_B/mol	m_0	树脂成分/%
亚麻油	241.4	0.824	—	0.824	55.00
甘油(油内)	—	—	0.824	0.275	—
甘油	67.5	—	2.176	0.725	15.37
苯酐	148.0	2.000	—	1.000	33.73
总计	456.9	2.824	3.000	2.824	104.10
理论出水量	18.0	—	—	—	−4.10
醇酸树脂得量	438.9	—	—	—	100.00

$$r=2.176/2=1.062$$

$$K=m_0/e_A=2.824/2.824=1$$

计算所得的配方也必须通过试验反复修订，才能取得较好的适于生产的配方。

四、醇酸树脂涂料的常用品种

涂料用合成树脂中，醇酸树脂的产量最大、品种最多、用途最广，约占世界涂料用合成树脂总产量的15%左右。我国醇酸树脂涂料产量约占涂料总量的25%左右，已从国外引进了若干套年产4500t的装置。

1. 醇酸树脂清漆

醇酸树脂清漆是由中或长油度醇酸树脂溶于适当的溶剂（如二甲苯），加有催干剂(如金属钴、锌、钙、锰、铅的环烷酸盐)，经过净化而得的。醇酸树脂清漆干燥很快，漆膜光亮坚硬，耐磨性、耐油性较好；但因分子中还有残留的羟基和羧基，所以耐水性不如酚醛树脂桐油清漆。主要用作家具漆及作色漆的罩光，也可用作一般性的电绝缘漆。

2. 醇酸树脂色漆

醇酸树脂色漆中产量最大的是中油度醇酸树脂磁漆，它具有干燥快、光泽好、附着力强、漆膜坚硬、耐油耐候性好等优点，可在常温下干燥，也可烘干。主要用于机械部件、农机、钢铁设备等，户内外都可使用，比较适用于喷涂。

铁红醇酸树脂底漆是最常用的一种漆，在钢铁物件涂漆时作底漆用，干燥快、附着力好，因而可以作硝基纤维素漆等挥发性漆的底漆。

用长油度干性醇酸树脂制成有代表性的外用漆是桥梁面漆。其最大特点是耐候性优良；缺点是光泽不强。长油度树脂有较好的刷涂性，适用于毛刷施工。

配方：醇酸有光色漆

树脂	60.0	干燥剂	2.9
钛白粉	27.0	松香水	10

五、改性醇酸树脂

除去油改性的醇酸树脂外，还可以采用不同的多元酸、多元醇和其他树脂或单体改性醇酸树脂。改性后效果见表3-2。

1. 季戊四醇改性

季戊四醇代替甘油，由于其活性大，一般用于制长油度树脂，其涂刷性、干燥、抗水、耐候、保色等性能均优于甘油醇酸树脂。如果季戊四醇和乙二醇配合，当摩尔比为1∶1时，其平均官能度为3，与甘油相同，可以代替甘油制短油度的树脂，性能较甘油制造的好。而季戊四醇醇酸树脂的生产工艺简单，是可行的办法。

用三羟甲基丙烷代替甘油制成的醇酸树脂烘漆，烘干所需时间短，漆膜硬度大，耐碱性较好，漆膜的保色、保光性较好，耐烘烤性能也好。

2. 用多元酸改性

如果用己二酸或癸二酸代替苯酐，制得的醇酸树脂特别软，只能作增塑剂用；用顺酐来代替苯酐，生成的树脂黏度大、颜色浅；用含氯二元酸来代替苯酐，制得的醇酸树脂耐燃性好；用十一烯酸改性制得的树脂色浅不易泛黄；用间苯二甲酸代替苯酐，生成的醇酸树脂干燥速率有改进，耐热性能也更优越。

表 3-2 醇酸树脂改性效果

改性树脂单体	优 点	缺 点	应用范围
松香与松香甘油酯	价廉，干燥快，涂刷性较好，有较好的硬度和抗磨性和附着力	易变黄，室外耐候性较差，日久易变脆	制造室内用的快干磁漆
酚醛树脂	有较好的硬度、耐水性、抗溶剂性，耐碱性较高	易泛黄，贮存性差，室外暴晒有粉化现象	制造耐水性好的绝缘漆
苯乙烯、甲基苯乙烯	干燥快、色泽浅，光亮硬度高	抗溶剂性差，多层涂刷要咬底	制造快干机械用磁漆
甲基丙烯酸酯、丙烯酸酯	改进保光性、保色性、耐化学性，用热固性丙烯酸酯可改善泛黄	稳定性、耐室外大气性中等	制车辆漆、仪表仪器漆
有机硅	改进耐热性，耐高温震动性，能阻止粉化，减少磨耗，室外耐候性大大提高	价格高，漆膜在高温下烘烤才能有良好性能	制耐高温漆，桥梁漆，铝粉漆
环氧树脂	硬度好，耐碱性、耐溶剂性、耐洗擦性好，附着力好	颜色较深，泛黄，在室外会早期粉化、价格高	制船舶漆，甲板漆，化工防腐漆
对叔丁基苯甲酸、苯甲酸	可控制树脂稀释后胶化，干燥快、硬度高、改进光泽、颜色和耐化学性	溶解性差，柔韧性差	制交通车辆用漆，金属快干底漆
氨基树脂	保光、保色性好，硬度高，易热固化，耐热性提高	柔韧性差，常温下只能表干，不能固化	制氨基烘漆
异氰酸酯	耐磨、耐水，附着力强，干燥快	易泛黄，耐候性差	木器家具漆
硝化棉及其他纤维素	快干，耐汽油，可打磨抛光	固分低，柔韧性低	作汽车喷漆改进剂
聚酰胺树脂	有触变性，静止时呈胶冻状	泛黄，价贵	制触变性醇酸漆

3．其他改性醇酸树脂

在醇酸树脂中，除脂肪酸、多元醇、苯酐外，还可以另外加入其他合成树脂或单体进行改性，改性后醇酸树脂的性能与应用范围见表 3-2。

六、醇酸树脂合成技术

醇酸树脂主要是利用脂肪酸、多元醇和多元酸之间的酯化反应制备的。根据使用原料的不同，醇酸树脂的合成可分为醇解法、酸解法和脂肪酸法三种；若从工艺过程上区分，则又可分为溶剂法和熔融法。醇解法的工艺简单，操作平稳易控制，原料对设备的腐蚀少，生产成本也较低。而溶剂法在提高酯化速度、降低反应温度和改善产品质量等方面均优于熔融法。因此，目前在醇酸树脂的工业生产中，仍以醇解法和溶剂法为主。溶剂法和熔融法的生产工艺比较见表 3-3。

表 3-3 溶剂法和熔融法的生产工艺比较

方 法	项目				
	酯化速度	反应温度	劳动强度	环境保护	树脂质量
溶剂法	快	低	低	好	好
熔融法	慢	高	高	差	较差

通过比较可以看出，溶剂法优点较突出。因此，目前多采用溶剂法生产醇酸树脂。其装置见图 3-1。工艺过程见图 3-2。

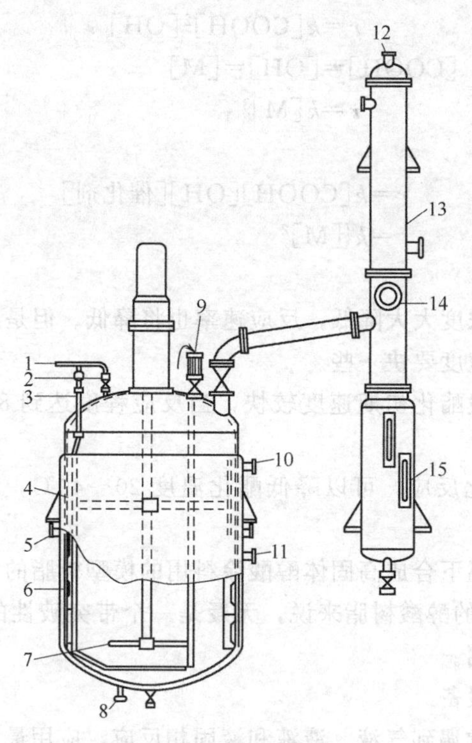

图 3-1　溶剂法生产装置

1，2—惰性气体入口；3—分布器；4—消泡器；5、8—热载体出口；6—折流板；
7—搅拌器；9—取样装置；10、11—热载体入口；12—放空口；
13—列管换热器；14—视镜；15—滗析器和回收器

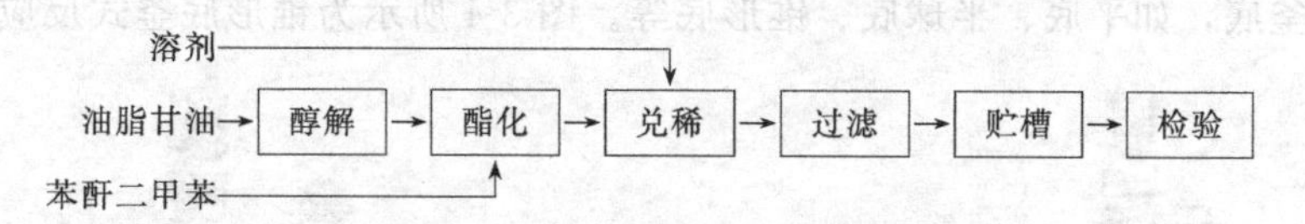

图 3-2　醇酸树脂生产工艺过程

在整个生产过程中，有醇解、酯化两个反应步骤。醇解是制造醇酸树脂过程的一个极端重要的步骤，它是影响醇酸树脂分子量分布与结构的关键。醇解的目的是制成甘油的不完全脂肪酸酯，特别重要的是甘油一酸酯。

油（甘油三酸酯）与甘油在 200～250℃及催化剂存在下，将发生再分解作用。

$$\begin{array}{l} CH_2-OOR' \\ | \\ CH-OOR'' \\ | \\ CH_2-OOR''' \end{array} + \begin{array}{l} CH_2-OH \\ | \\ CH-OH \\ | \\ CH_2-OH \end{array} \rightleftharpoons \begin{array}{l} CH_2-OH \\ | \\ CH-OH \\ | \\ CH_2-OOR' \end{array} + \begin{array}{l} CH_2-OH \\ | \\ CH-OOR'' \\ | \\ CH_2-OOR''' \end{array}$$

油与甘油在低温下不能醇解。碱性催化剂（NaOH、Na_2CO_3、LiOH、CaO、PbO）可使醇解易于进行。油必须精制，特别是要经过碱漂，借以除去蛋白质、软磷脂等杂质，以免影响催化作用。

对于酯化反应：

$$RCOOH + R'OH = RCOOR' + H_2O$$

许多研究证实，无催化剂存在时，酯化缩聚反应是三级反应

$$r=k[COOH]^2[OH]$$

在等分子时，$[COOH]=[OH]=[M]$

则 $r=k[M]^3$

在有催化剂存在时：

$$r=k[COOH][OH][催化剂]$$
$$=k'[M]^2$$

是二级反应。

在反应后期，单体浓度大大降低，反应速率也将降低。但是从上面分析看出，有催化剂存在时，反应后期的速度要快一些。

从实验中得知，一般酯化初期速度较快，当反应程度达到80%～85%时，反应速率减慢。

采用固体酸催化酯化反应，可以降低酯化温度20～40℃，缩短酯化时间1/3以上，分子量分布窄。

目前，国外有在常温下合成高固体醇酸涂料用的模型树脂的报道，这对于一直采用高温炼制工艺已经60多年的醇酸树脂来说，无疑是一个带突破性的尝试。但这一研究离工业化尚有一段很大的距离。

七、醇酸树脂合成设备

精细化工生产中经常遇到气液、液液和液固相反应，应用最为广泛的一类反应设备就是釜式反应器。图3-3表示的是一种标准釜式反应器，它由钢板卷焊制成圆筒体，再焊接上由钢板压制的标准釜底，并配上封头、夹套、搅拌器等零部件。按工艺要求，可选用不同形式的搅拌器和传热构件。标准釜底一般为椭圆形，有时根据工艺上要求，也可以采用其他形式的釜底，如平底、半球底、锥形底等。图3-4所示为锥形底釜式反应器。

图3-3 标准釜式反应器

图3-4 锥底釜式反应器

釜式反应器的特点是，结构简单、加工方便，传质、传热效率高，温度浓度分布均匀，操作灵活性大，便于控制和改变反应条件，适合于小批量、多品种生产。适用于各种不同相态组合的反应物料（如均液相、非均液相、液固相、气液相、气液固相等），几乎所有有机合成的单元操作（如氧化、还原、硝化、磺化、卤化、缩合、聚合、烷化、酰化、重氮化、偶合等），只要选择适当的溶剂作为反应介质，都可以在釜式反应器内进行。

因此，釜式反应器的应用是很广泛的。但釜式反应器间歇操作时，辅助时间有时占的比例大，尤其是加热釜，升温和降温时间很长，降低了设备生产能力，对于大吨位产品，需要多台反应器同时操作，增加产品成本。近年来，釜式反应器趋向于设备大型化、操作机械化、控制自动化，使劳动生产率大为提高。

1. 间歇操作釜式反应器工艺计算

釜式反应器内设有搅拌装置，在搅拌良好的情况下，可以看成理想釜式反应器，釜内物料达到完全混合，浓度、温度均一，反应器内各点的化学反应速率也都相同。当采用间歇操作时，则是一个不稳定过程，随着反应的进行，釜内物料浓度、温度和反应速率要随时间而变化。

釜式反应器内常设有换热装置，间歇操作时，根据反应的要求，可以改变换热条件(如传热面积、载热体流量和温度等)，维持等温操作或非等温操作。釜式反应器主要用于液相和液固相反应。液体和固体在反应前后密度变化不大，可视为等容过程。

进行间歇釜式反应器体积计算时，必须先求得为达到一定转化率所需的反应时间，然后，结合非生产时间和每小时要求处理的物料量，计算反应器体积。

(1) 反应时间　对间歇釜式反应器列出物料衡算式，就可推导出反应时间计算式。

① 于反应器内浓度、温度均一，不随位置而变，可对整个反应器有效体积（反应体积）进行物料衡算。

② 由于间歇操作，理想间歇釜式反应器物料衡算式为

$$-\begin{bmatrix}\text{微分时间、反}\\\text{应体积内转化}\\\text{掉的反应物量}\end{bmatrix}=\begin{bmatrix}\text{微分时间、反}\\\text{应体积内反应}\\\text{物的积累量}\end{bmatrix}$$

即
$$-r_A V_R \mathrm{d}\tau = \mathrm{d}n_A \tag{3-4}$$

上式一般常以反应物 A 的转化率形式表示，因为 $n_A = n_{A0}(1-x_A)$

所以
$$\mathrm{d}n_A = -n_{A0}\,\mathrm{d}x_A$$

式中　n_A—任一瞬间釜内反应物 A 的物质的量，kmol；

n_{A0}——反应开始时，釜内反应物 A 的物质的量，kmol；

τ——反应时间，h；

x_A——任一瞬间反应物 A 的转化率。

代入上述关系后得到　$r_A V_R \mathrm{d}\tau = n_{A0}\,\mathrm{d}x_A$, $\mathrm{d}\tau = n_{A0}\,\mathrm{d}x_A/(r_A V_R)$

积分得到
$$\tau = n_{A0}\int_0^{x_{Af}} \frac{\mathrm{d}x_A}{r_A V_R} \tag{3-5}$$

式(3-5) 为间歇釜式反应器反应时间计算式，x_{Af} 为反应终止时反应物 A 的转化率。它是间歇釜式反应器的基础设计方程式，无论是等温、非等温、等容和变容过程均可应用此式。对于变容和非等温过程，特别是非等温过程，式(3-5) 求解是比较复杂的，可以参考理想管式流动反应器变容和非等温过程的计算方法。以下只讨论简单的等温等容过程计算。

在等容情况下，反应过程 V_R 不变，故式(3-5) 中的 V_R 可移至积分号外，且因
$$n_{A0}/V_R = c_{A0} \tag{3-6}$$

得
$$\tau = c_{A0}\int_0^{x_{Af}} \frac{\mathrm{d}x_A}{r_A} \tag{3-7}$$

式中　c_{A0}——反应开始时反应物A的浓度，$kmol/m^3$。

由式（3-7）可以看出，达到一定转化率所需要的反应时间只与反应物初始浓度和反应速率有关，与处理物料量无关。因此，可通过小装置找出一定初始浓度和一定温度下的转化率和反应时间的关系，如果大生产装置在搅拌和换热方面能保持和小装置相同的条件，就可以简单地计算出大生产装置的尺寸。

利用式(3-7)计算反应时间时，尚需找出反应速率与转化率之间的函数关系，以便进行积分。

对于一级反应A→R，反应速率方程式为

$$r_A = kc_A$$

式中　k——反应速率常数，1/h。

在等容情况下，$c_A = c_{A0}(1-x_A)$，则

$$r_A = kc_{A0}(1-x_A)$$

代入式(3-7)，得

$$\tau = c_{A0}\int_0^{x_{Af}} \frac{dx_A}{kc_{A0}(1-x_A)}$$

在等温情况下，k为常数，可移至积分号外，故

$$\tau = \frac{1}{k}\int_0^{x_{Af}} \frac{dx_A}{(1-x_A)} = \frac{1}{k}\ln\frac{1}{1-x_{Af}} \quad (3\text{-}8)$$

对于二级反应，$2A \longrightarrow C+D$ 或 $A+B \longrightarrow C+D$，$n_{A0}=n_{B0}$。反应速率方程式为

$$r_A = kc_{A0}^2(1-x_A)^2$$

式中　k——反应速率常数，$m^3/(kmol \cdot h)$。

$$\tau = c_{A0}\int_0^{x_{Af}} \frac{dx_A}{kc_{A0}^2(1-x_A)} = \frac{1}{kc_{A0}}\int_0^{x_{Af}} \frac{dx_A}{(1-x_A)^2} = \frac{x_{Af}}{kc_{A0}(1-x_{Af})} \quad (3\text{-}9)$$

（2）反应器有效体积V_R　间歇釜式反应器由于进行分批操作，每处理一批物料都需要有出料、清洗和加料等非生产时间，故处理一定量物料所需要的有效体积不但与反应时间有关，还与非生产时间有关。

$$V_R = V_0(\tau + \tau')$$

式中　V_R——反应器有效体积，即物料所占有的体积，亦叫反应体积，m^3；

V_0——平均每小时需要处理的物料体积，m^3/h；

τ——达到要求转化率所需的反应时间，h；

τ'——非生产时间，h。

非生产时间由经验确定。为了提高间歇釜史反应器的生产能力，应设法减少非生产时间。

决定反应器的实际体积，应考虑装料系数φ。

$$V = V_R/\varphi$$

装料系数一般为0.4～0.85。对于不起泡、不沸腾的物料，φ取0.7～0.85；对于起泡、沸腾的物料，φ取0.4～0.6。装料系数的选择还应考虑搅拌器和换热装置的体积。

【例3-4】　在搅拌良好的间歇操作釜式反应器中，用乙酸和丁醇生产乙酸丁酯，反应式为

$$CH_3COOH + C_4H_9OH \longrightarrow CH_3COOC_4H_9 + H_2O$$

反应在等温下进行，温度为100℃，进料配比为乙酸/丁醇＝1：4.97（物质的量比），以少量硫酸为催化剂。当使用过量丁醇时，其动力学方程式为

$$r_A = kc_A^2$$

下标A表示乙酸。在上述条件下，反应速率常数k为$1.04m^3/(kmol\cdot h)$，反应物密度为$750kg/m^3$，并假设反应前后不变。每天生产2400kg乙酸丁酯（不考虑分离过程损失），如要求乙酸转化率为50%，每批非生产时间为0.5h，试计算反应器的有效体积。

解 (1) 计算反应时间因是二级反应，由式（3-9）知

$$\tau = x_{Af}/kc_{A0}(1-x_{Af})$$

乙酸和丁醇的相对分子质量分别为60和74，所以

$$c_{A0} = 1\times750/[1\times60+4.97\times74] = 1.75kmol/m^3$$

所以 $\tau = 0.5/[1.04\times1.75\times(1-0.5)] = 0.55h$

(2) 计算有效体积V_R　每天生产2400kg乙酸丁酯，则每小时乙酸用量为

$$2400/24\times116\times60\times1/0.5 = 103kg/h$$

上式中的116为乙酸丁酯的相对分子质量。

每小时处理总原料量为

$$103+103/60\times4.97\times74 = 734kg/h$$

每小时处理原料体积为

$$V_0 = 734/750 = 0.98m^3/h$$

故反应器有效体积为

$$V_R = V_0(\tau+\tau') = 0.98\times(0.55+0.5) = 1.04m^3$$

【例3-5】 在搅拌良好的间歇釜式反应器内，以盐酸作为催化剂，用乙酸和乙醇生产乙酸乙酯，反应式为

$$\underset{A}{CH_3COOH} + \underset{B}{C_2H_5OH} \longrightarrow \underset{R}{CH_3COOC_2H_5} + \underset{S}{H_2O}$$

已知100℃时，反应速率方程式为

$$r_A = k_1c_Ac_B - k_2c_Rc_S$$

正反应速率常数k_1为$4.76\times10^{-4}m^3/(kmol\cdot h)$，逆反应速率常数$k_2$为$1.63\times10^{-4}m^3/(kmol\cdot h)$。反应器内装入$0.3785m^3$水溶液，其中含有90.8kg乙酸，181.6kg乙醇，物料密度为$1043kg/m^3$，假设反应过程不变，试计算反应2h以后乙酸的转化率。

解 乙酸的初始浓度

$$c_{A0} = 90.8\div(60\times0.3785) = 4.0kmol/m^3$$

乙醇的初始浓度

$$c_{B0} = 181.6\div(46\times0.3785) = 10.4kmol/m^3$$

水的初始浓度

$$c_{S0} = [0.3785\times1043-(90.8+181.6)]/(18\times0.3785) = 18kmol/m^3$$

设x_A为乙酸的转化率，则各组分的瞬时浓度与转化率的关系为

$$c_A = 4(1-x_A),\ c_B = 10.4-4x_A,\ c_R = 4x_A,\ c_S = 18+4x_A$$

代入反应速率方程式，则得

$$r_A = 4.76\times10^{-4}\times4(1-x_A)(10.4-4x_A) - 1.63\times10^{-4}\times4x_A(18+4x_A)$$
$$= 8\times10^{-2}(0.248-0.49x_A+0.063x_A^2)$$

所以 $$\tau = c_{A0}\int_0^{x_{Af}} \frac{dx_A}{r_A} = \frac{4}{8\times10^{-2}}\int_0^{x_{Af}} \frac{dx_A}{0.248-0.49x_A+0.063x_A^2}$$

当 $\tau=120$min，用上式算得 $x_{Af}=0.356$，即 35.6%的乙酸转化成乙酸乙酯。

在求得反应所需设备总体积后，可查设备系列标准，从而决定单个设备的体积与设备台数。按设计任务需用的设备台数：

$$m=V/V_a \tag{3-10}$$

式中 V_a 为单个设备的体积。由公式(3-10) 计算出的 m 值，往往不是整数，需对其取整数 $m_p(m_p\geqslant m)$。因此，实际设备总生产能力比设计任务提高了，其提高的程度称为设备的后备系数，用 δ 表示，即 $\delta=\frac{m_p-m}{m}\times100\%$。

从提高劳动生产率和降低设备投资考虑，选用个数少而体积大的设备要比选个数多而体积小的设备有利。但大体积设备加工、检修和厂房条件要求高，操作工艺和生产控制程序复杂，所以要作全面比较。

2. 连续操作釜式反应器工艺计算

在搅拌良好的釜式反应器内进行连续操作，可近似地看成是理想连续釜式反应器。它可以单釜操作，也可以多釜串联操作——多段连续釜式反应器。由于连续操作，产品质量稳定易于自动控制，节省劳动力，比较适合于大规模生产。

理想连续釜式反应器内，物料达到了完全的混合，温度、浓度、反应速率处处均一，不随时间改变，并与出料的浓度、温度相同。由于这一特点，新鲜原料一进入反应器，瞬间之内即与釜内物料完全混合，反应物浓度立即被稀释至出料时的浓度，整个化学反应过程都在较低的反应物浓度下进行。如与理想管式流动反应器相比，相同温度下进行相同的反应，达到同样转化率时。理想管式流动反应器内反应物浓度是由高到低，逐渐变化的，反应速率也由大逐渐变小，出口处反应速率最小。而理想连续釜式反应器内整个反应过程的反应速率不变，都与理想管式流动反应器出口处最小反应速率相同。由此清楚看出，为完成同样的反应，达到相同的转化率，理想连续釜式反应器需要的反应时间大于理想管式流动反应器的反应时间，或者说，要完成相同产量，理想连续釜式反应器所需体积大于下想管式流动反应器所需体积。

连续釜式反应器采用多段串联操作，可以对上述缺点有所克服。例如一个体积为 V_R 的理想连续釜式反应器，以三个体积各为 $V_R/3$ 的理想釜式反应器串联操作替之，当二者的反应物初始浓度、终于浓度和反应温度相同时，多段连续釜式反应器内只有第三台的反应物浓度 c_{A3} 与原来体积为 V_R 的连续釜式反应器内浓度 c_{Af} 相同，而其余两台的浓度均较之为高。如图 3-5 所示。

由此可见，以三段串联操作，较单段操作时反应速率可以加快，因而完成同样的反应，体积相同时，三段串联操作处理可以增加，反之，如处理相同，三段串联操作反应器体积可以减小。也可推知，串联的段数愈多，反应器内反应物浓度的变化愈接近理想管式流动反应器。当段数为无穷多时，多段理想连续釜式反应器内浓度变化与理想管式流动反应器内相同，为完成相同的任务，二者所需体积相等。随着段数的增多而造成设备投资和操作费用的增加，将超过因反应器总体积减小而节省的费用，因此，实际采用的段数一般不超过四段。

理想连续釜式反应器内温度均一，不随时间而变，为等温反应器。在选定的操作温度

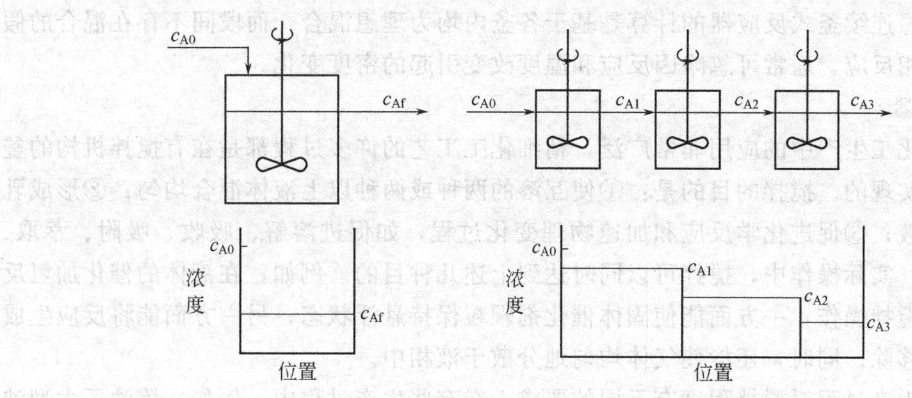

图 3-5 单段和多段理想连续釜式反应器内反应物浓度的变化

下进行反应器体积计算时，只需列出物料衡算式。

由于釜内浓度均一，不随时间改变，故可对全釜有效体积和任意时间间隔作物料衡算。衡算式中釜内物料累积量为零，反应速率应按出口处浓度和温度计算。图 3-6 为单段理想连续釜式反应器物料衡算示意图。

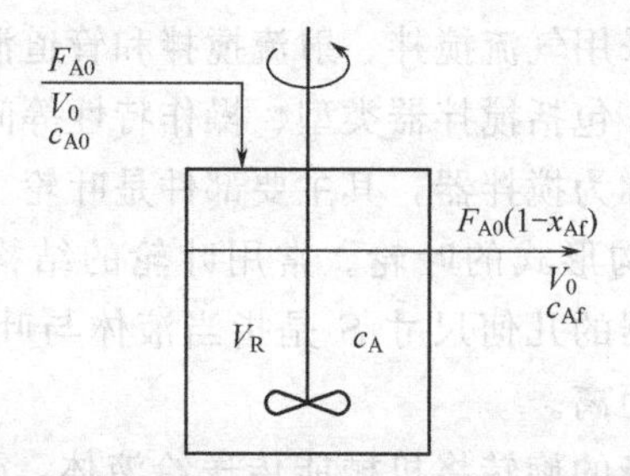

图 3-6 单段理想连续釜式反应器物料衡算

物料衡算式为

$$F_{A0}\Delta\tau - F_{A0}(1-x_{Af})\Delta\tau - r_A V_R \Delta\tau = 0$$

流入量　　流出量　　转化量　　积累量

$$F_{A0}x_{Af} = r_A V_R$$

$$V_R = F_{A0}x_{Af}/r_A$$

$$\tau = V_R/V_0 = c_{A0}x_{Af}/r_A$$

式中 τ——物料在釜内的平均停留时间。

对于等容一级反应

$$\tau = V_R/V_0 = c_{A0}x_{Af}/[kc_{A0}(1-x_{Af})^2] = x_{Af}/[k(1-x_{Af})^2]$$

对于等容二级反应

$$\tau = V_R/V_0 = c_{A0}x_{Af}/[kc_{A0}^2(1-x_{Af})^2] = x_{Af}/[kc_{A0}(1-x_{Af})^2]$$

【例 3-6】 在搅拌良好的釜式反应器内连续操作生产乙酸丁酯，反应条件和产量与例[3-1] 相同，试计算连续釜式反应器的有效体积。

解 由例【3-4】已计算出

$V_0 = 0.98\text{m}^3/\text{h}$；$x_{Af} = 0.5$；$c_{A0} = 1.75\text{kmol/m}^3$；$k = 1.04\text{m}^3/(\text{kmol}\cdot\text{h})$

代入式(3-13) 得

$$V_R = V_0 x_{Af}/[kc_{A0}(1-x_{Af})^2] = 0.98\times0.5/[1.04\times1.75\times(1-0.5)^2] = 1.08\text{m}^3$$

多段理想连续釜式反应器的计算是基于各釜内均为理想混合，而段间不存在混合的假设。对于液相反应，通常可忽略因反应和温度改变引起的密度变化。

3. 搅拌器

搅拌在化工生产中的应用非常广泛，精细化工工艺的许多过程都是在有搅拌机构的釜式反应器中实现的。搅拌的目的是：①使互溶的两种或两种以上液体混合均匀；②形成乳浊液或悬浮液；③促进化学反应和加速物理变化过程，如促进溶解、吸收、吸附、萃取、传热等过程。实际操作中，搅拌可以同时达到上述几种目的。例如，在液体的催化加氢反应中，采用搅拌操作，一方面能使固体催化剂颗粒保持悬浮状态，另一方面能将反应生成的热量迅速移除。同时，还能使气体均匀地分散于液相中。

不同的生产过程对搅拌程度有不同的要求。在有些生产过程中，例如，炼油厂大型油罐内原油的搅拌，只要求罐内原油宏观上混匀，这样的搅拌任务比较容易达到；而在另一些过程中，如两液体的快速反应，不但要求混合物宏观上混匀，而且希望在小尺度上也获得快速均匀的混合，从而对搅拌操作提出了更高的要求。针对不同的搅拌目的，选择恰当的搅拌器构型和操作条件，才能获得最佳的搅拌效果。

搅拌的方法很多，使用最早，且仍在广泛使用的方法是机械搅拌（或称叶轮搅拌）。在某种特殊场合下，有时也采用气流搅拌、射流搅拌和管道混合等。

本节主要讨论机械搅拌，包括搅拌器类型、操作特性等问题。

能完成搅拌操作的机械称为搅拌器，其主要部件是叶轮。针对不同的物料系统和不同的搅拌目的，出现了许多结构形式的叶轮。常用叶轮的结构形式及有关数据列于表 3-4 中。应指出，螺旋桨式搅拌器的几何尺寸 S 是指当液体与叶片间无滑动时，叶片旋转一周将液体在轴面向上推进的距离。

叶轮的作用是通过其自身的旋转将机械能传送给液体，使叶轮附近区域的流体湍动，同时所产生的高射流推动全部液体在器内沿一定途径作循环流动。考虑釜型、挡板及叶轮在釜中位置等因素对流体流型的影响，一般以液体流入、流出叶轮的方式来区分叶轮。当液体从叶轮轴向流入并流出时，此叶轮称为轴向叶轮；当液体从叶轮轴向流入、从半径方向流出时，此叶轮称为径向叶轮，如表 3-8 所示。

① 径向叶轮　六个平片的涡轮叶轮是径向叶轮的代表。其工作时，叶轮的叶片对液体施以径向离心力，液体在惯性离心力作用下沿叶轮的半径方向流出并在釜内循环。由于涡轮的转速高，叶片比较宽，除了能对液体产生较高的剪切作用外，还能在釜内造成较大的液体循环量。正是由于这种特点，涡轮叶轮能有效地完成几乎所有的化工生产过程对搅拌操作的要求，并能处理黏度范围很广的液体。

平叶片桨式搅拌器也属于径向流叶轮，其叶片长、转速慢、液体的径向速度小、产生的压头也较低，适用于以宏观调匀为目的的搅拌过程，如简单的液体混合、固体溶解、结晶和沉淀等操作。锚式搅拌器、框式搅拌器实际上是平叶片桨式搅拌器的变形，但转动半径更大。这几种搅拌器不产生高速液流，适用于较高黏度液体的搅拌。

② 轴向叶轮　螺旋桨式叶轮是一种高速旋转且能引起轴向流动的搅拌器，其工作原理与轴流泵的叶轮相似。具有流量大、压头低的特点。液体在器内作轴向和切向运动，产生高度湍动。由于液流能持久且渗及远方，因此对搅拌低黏度的大量液体有良好效果。它主要用于互溶液体混合、釜内传热等。螺带式搅拌器的工作原理与螺旋桨式相似。风扇形涡轮或有两个倾斜叶片桨式叶轮，除产生轴向流动外，还造成一定程度上的径向流动。

表 3-4　常见叶轮的形状及有关数据

形　　状		有 关 数 据	结 构 简 图
螺旋桨叶		$S:d$ 为 1∶1 Z(叶片数)＝3	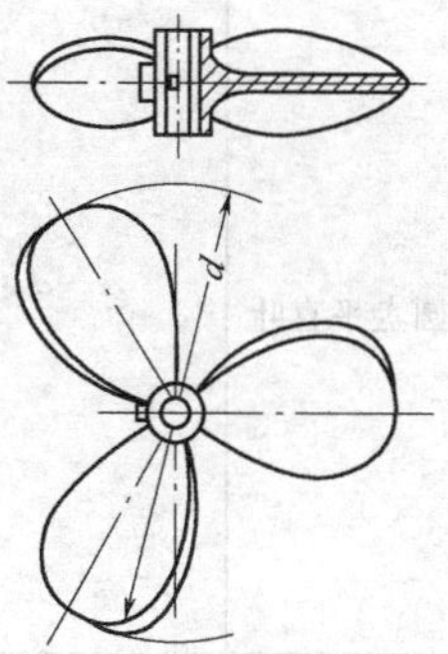
桨式	平直叶	$d:w$ 为 4～10 $Z=2$	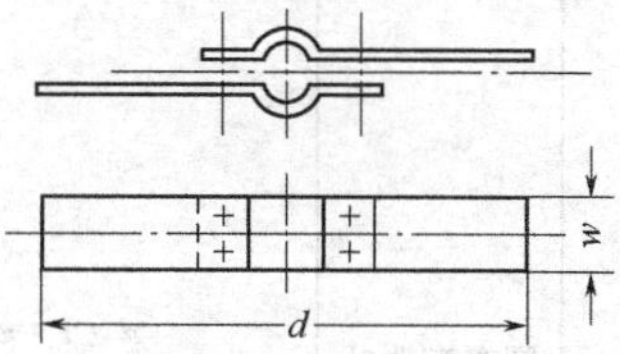
	折叶		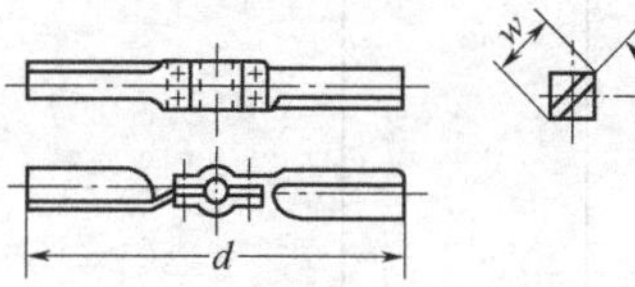
猫式		$d':D$ 为 0.05～0.08 d'为 25～50mm $w:D$ 为 1∶12 d'—搅拌器外缘与釜内壁距离 D—反应器内径	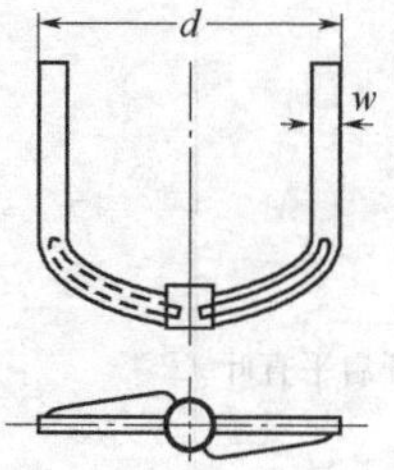
框式			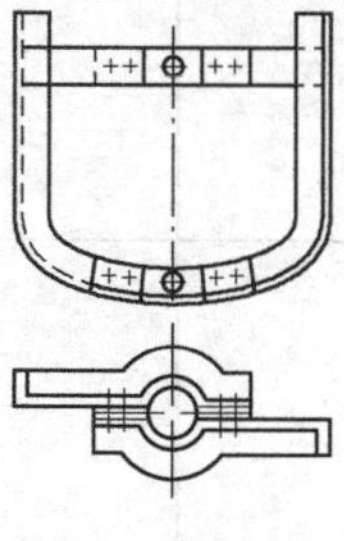
螺带式		$S:d$ 为 1,$w:D$ 为 0.1 Z 为 1～2(2 指双螺带)	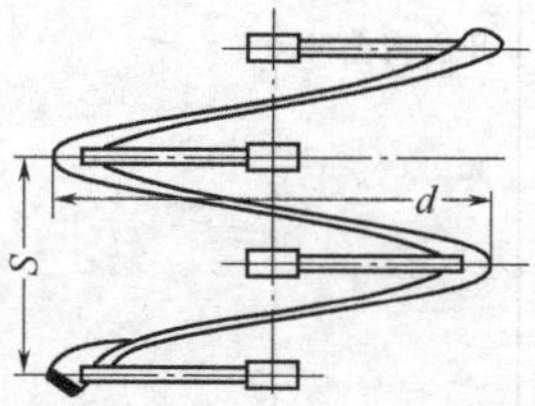

续表

形状		有关数据	结构简图
涡轮式	圆盘平直叶	$d:l:w$ 为 20∶5∶4 $Z=6$	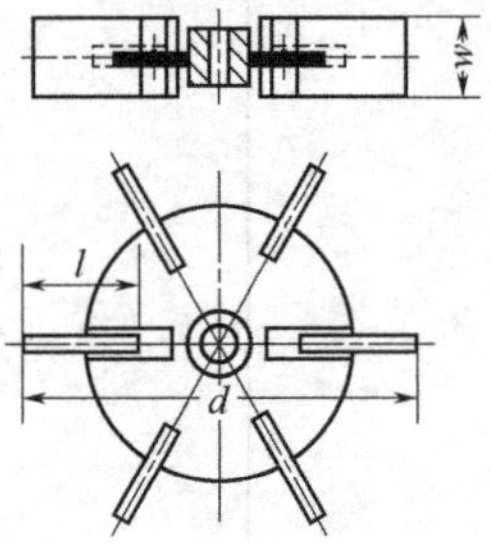
	圆盘弯曲叶	$d:l:w$ 为 20∶5∶4 $Z=6$	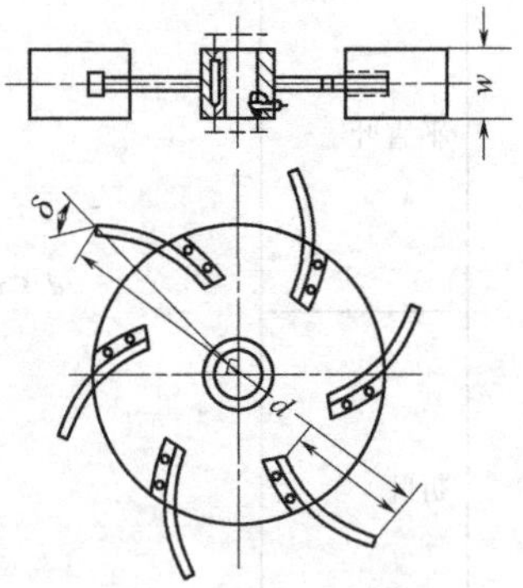
	开启平直叶	$d:w$ 为 5～8	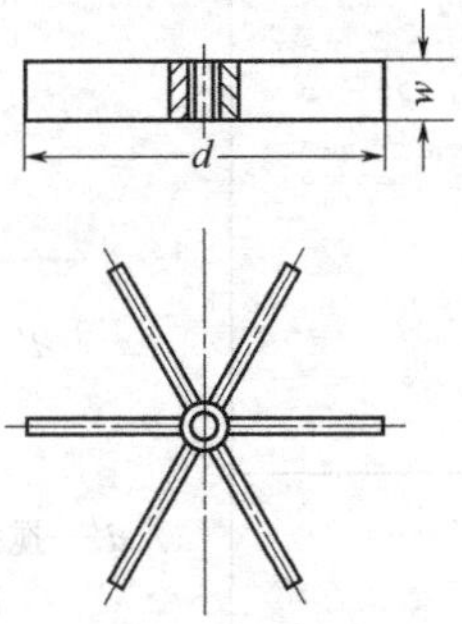
	开启弯曲叶	$d:w$ 为 5～8 $Z=6$	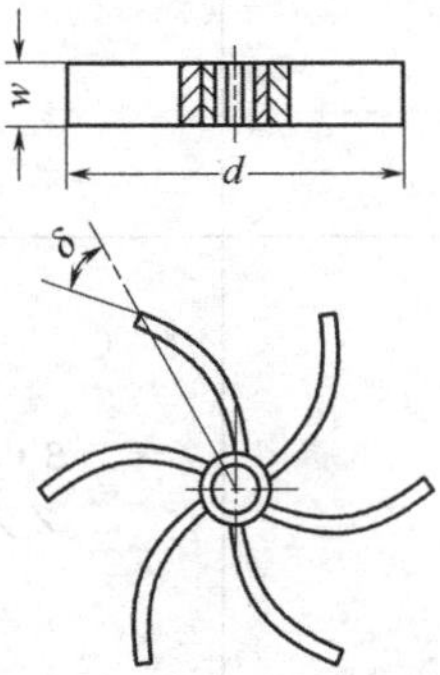

当搅拌器置于容器中心搅拌黏度不高的液体时，只要叶轮旋转速度足够高，液体便会在离心力的作用下形成旋涡。叶轮转速愈大，旋涡愈深，不发生轴向的混合作用，且当物料是多相系统时，还会发生分层或分离，甚至产生从表面吸进气体的现象，使被搅拌物料的表观密度和搅拌效率降低，加剧了搅拌器的振动，因此必须制止这种打旋现象的产生。

可在釜内装设挡析，使切向流动变为轴向和径向流动，同时增大液体湍动的程度，可消除打旋，改善搅拌效果。对于低黏度液体的搅拌，可将挡板垂直纵向地安装在釜的内壁上，挡板宽度一般为釜径 D 的 1/10，四块均布。对于中等黏度液体的搅拌，挡板与器壁间距为 0.1～0.15 板宽，用以防止固体在挡板后积聚和形成停滞区。对于高黏度液体，可使挡板离开釜壁并与壁面倾斜。

挡板下端伸到釜底，上端伸出液面。对锥形釜底，当使用径向流叶轮时，若叶轮位置较低，需把挡板伸到锥形部分内，宽度减半。

由于液体的黏性力可抑制打旋，因此当液体的黏度在 5～12Pa・s时，可减少挡板宽度，当黏度大于 12Pa・s后，不需安装挡板。

4. 传热装置

釜式反应器大多设有传热装置，以满足加热或冷却的需要。传热方式、传热结构形式和载热体的选择，主要取决于所需控制温度、反应热、传热速率和工艺上要求等。

(1) 传热装置构型　当传热速率要求不高和载热体工作压力低于 600kPa（158℃饱和水蒸气压力）时，常用夹套传热结构。当夹套内载热体工作压力大于 600kPa，夹套必须采取加强措施。图 3-7 表示一种用支撑短管加强的“蜂窝平套”，可用 1000kPa 饱和水蒸气加热至 180℃。图 3-8 表示为冲压式蜂窝平套，可耐更高的压力。另一种耐压加热结构是用角钢焊在釜的外壁上，如图 3-9、图 3-10 所示。

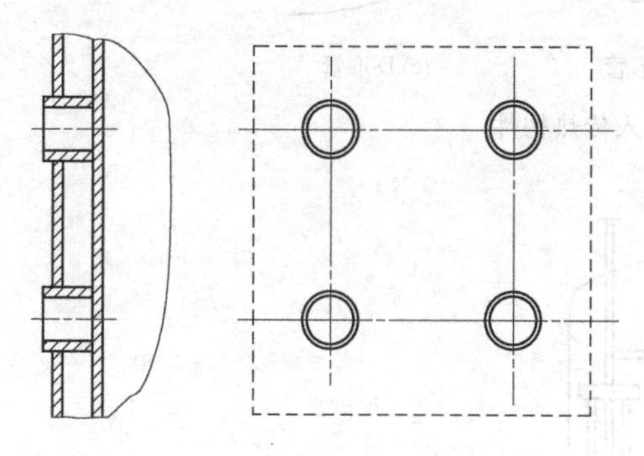

图 3-7　短管加强蜂窝夹套

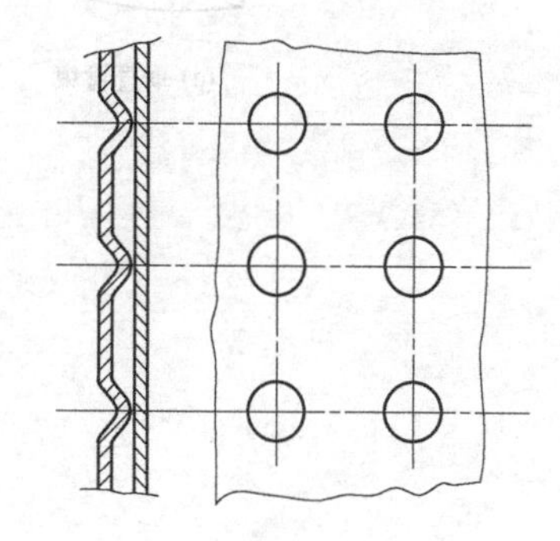

图 3-8　冲压式蜂窝夹套

当需要强化传热速率或者釜内壁衬有非金属材料时，不能用夹套传热，可在釜内设置插入式传热构件，例如蛇管、套管、D 形管等。图 3-11 所示为插入式传热构件的几种形式。插入式结构给检修带来方便，因此容易在传热表面产生污垢的场合，采用插入式构件较为合适。

大型搅拌反应釜需要高速传热时，可在釜内安装列管式换热器（见图 3-12）。例如在 $30m^2$ 的反应釜内，安装多组列管式换热器，总传热面可达 $110m^2$。

在沸点下进行的放热反应，反应热量可使挥发性反应物料或溶剂蒸发并通过回流冷凝器移除热量。

(2) 常用热源　加热温度不超过 150℃，用热水和低压饱和蒸汽作载热体就可满足要

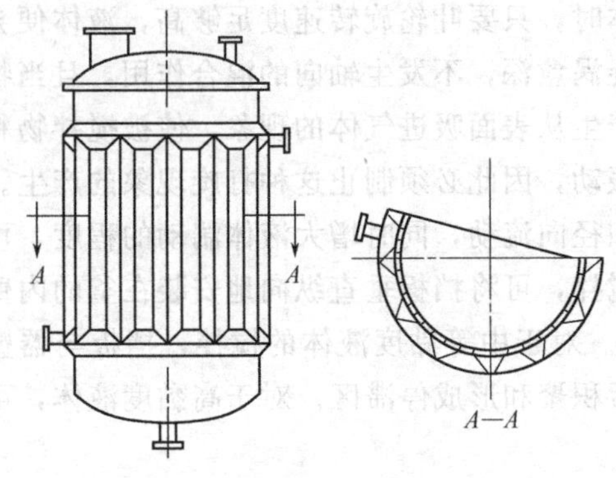

图 3-9 角钢夹套构型之一

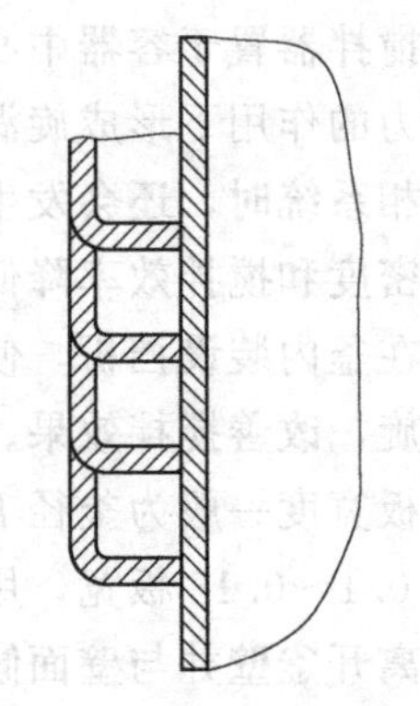

图 3-10 角钢夹套构型之二

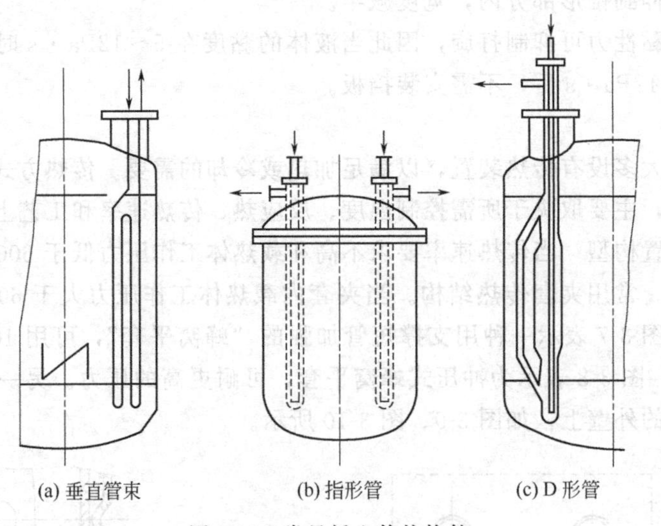

图 3-11 常见插入传热构件

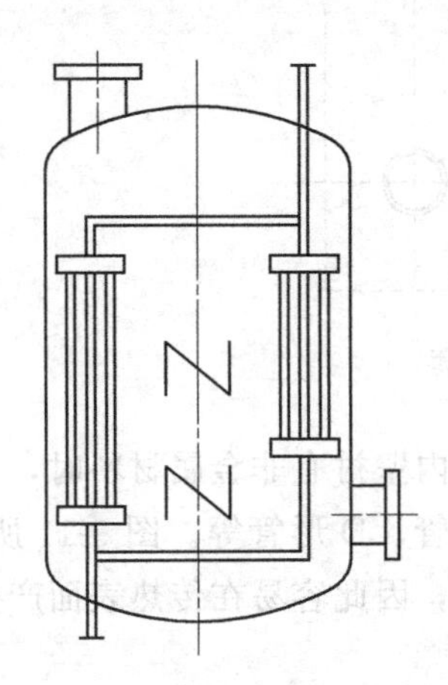

图 3-12 内部带列管传热的反应釜

求。160℃以上的高温加热常常需要考虑高温热源的选择问题。化工生产中常用到以下高温热源。

① 高压饱和水蒸气　指蒸汽压力大于 600kPa 表压的饱和水蒸气。用高压蒸汽作为热源，需采用高压管道输送蒸汽，建设投资费用大，但如果车间内部能设置利用反应热的废

热锅炉产生高压蒸汽供给本车间使用，则较为合理。

② 高压汽水混合物　图 3-13 表示以高压汽水混合物作为热源的流程示意图。从加热炉到热设备这一段管道内，蒸汽比例高，而水的比例低；从冷却器返回加热炉这一段管道内，蒸汽比例较少，而水的比例大，于是形成一个自然循环系统。循环速率的大小取决于加热设备与加热炉之间的高位差及汽水比例。这种高温加热装置可用于温度为 200～250℃的加热。当汽水混合物的温度为 250℃时，管内压力达 2000kPa。汽水混合物的给热系数可达 $3.7\times10^4\sim4.2\times10^4$ kJ/(m^2·h·K)，加热炉可利用气体或液体燃料加热，炉温达 800～900℃，炉内加热蛇管必须采用耐热合金钢材。

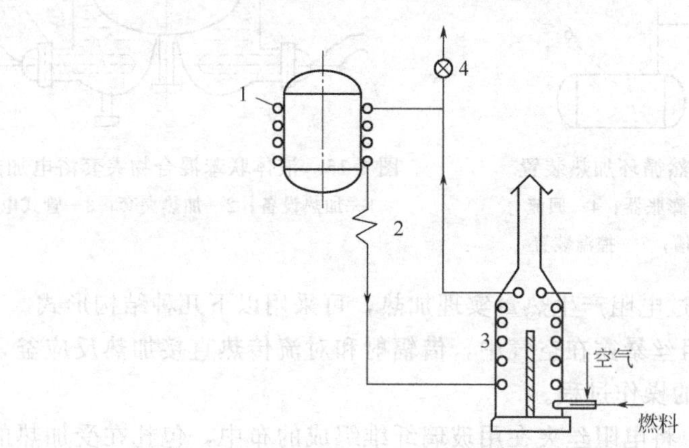

图 3-13　高压汽水混合物加热装置

1—加热蛇管；2—空气冷却器；3—加热炉；4—排气阀

③ 苯混合物（道生油）　联苯混合物是一种目前应用较普遍的高温有机载热体。它是含联苯 26.5%、二苯醚 73.5%的低共熔和低共沸混合物，熔点 12.3℃，沸点 258℃，能在较低的压力下得到较高的加热温度。在同样的温度下，它的饱和蒸气压力只有水蒸气压力的 1/60～1/30。

当加热温度在 250℃以下时，可采用液体联苯混合物加热，有三种加热方案：a. 液体联苯混合物自然循环加热（见图 3-14），加热设备与加热炉之间要保证一定的高位差，才能使液体有良好的自然循环，其给热系数为 800～2000kJ/(m^2·h·K)；b. 液体联苯混合物强制循环加热，可采用屏闭泵或者用液下泵使液体作强制循环，其给热系数可提高至 2000～8000kJ/(m^2·h·K)；c. 平套内盛联苯混合物，将管状电热器插入液体内加热，这种方法简单，适用于传热速率要求不高的场合（见图 3-15）。

当加热温度超过 250℃时，可采用联苯混合物的蒸汽加热，其给热系数约为 4000～8000kJ/(m^2·h·K)。根据其冷凝液回流方法的不同，也分为自然循环与强制循环两种方案。自然循环法设备简单，但要求加热器与加热炉之间有一定的位差，以保证冷凝液的自然循环。位差的高低取决于循环系统的阻力的大小，一般可取 3～5m。如厂房高度够时，可以适当放大循环液管径，减少阻力。当受条件限制不能达到自然循环要求时，或者在加热设备较多，操作中容易产生相互干扰等情况下，可用强制循环流程。

另一种较为简易的联苯混合物蒸气加热装置，是将蒸气发生器直接附在加热设备上面，用电热棒加热液体联苯混合物，使它沸腾生成蒸气。

④ 电加热　电加热是一种热效率高、操作简单、便于实现自控和遥控的高温加热方法。常用的电加热方法可分为以下三种类型。

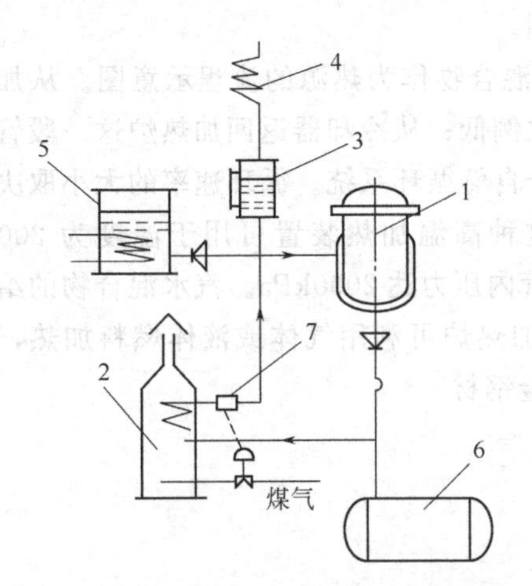

图 3-14　液体联苯混合物自然循环加热装置

1—加热设备；2—加热炉；3—膨胀器；4—回流冷凝器；5—熔化槽；6—事故槽；7—控温装置

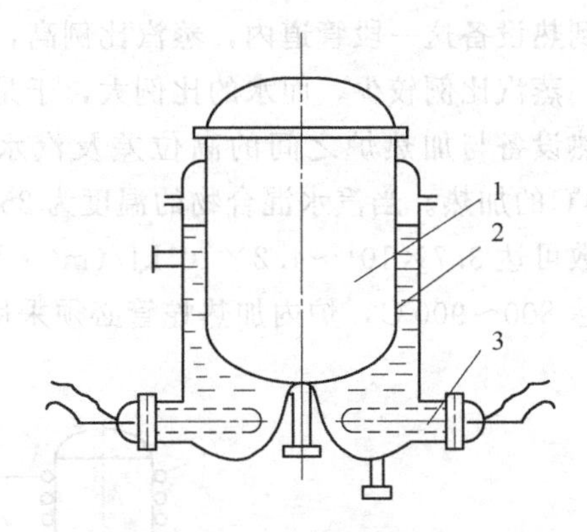

图 3-15　液体联苯混合物夹套浴电加热装置

1—加热设备；2—加热夹套；3—管式电热器

a. 电阻加热。电流通过电阻产生热量实理加热，可采用以下几种结构形式。

Ⅰ. 辐射加热法。电阻丝暴露在空气中，借辐射和对流传热直接加热反应釜，此种方法只能用于非易燃和易爆的操作过程。

Ⅱ. 电阻夹布加热法。将电阻丝夹在用玻璃纤维织成的布中，包扎在受加热的设备外壁，可避免电阻丝暴露在大气中，从而减少引起火灾的危险性。但必须注意的是，电阻夹布不允许被水浸湿，否则将引起漏电和短路的危险。

Ⅲ. 插入式加热。将管式或棒状电热器插入被加热的介质中或在夹套浴中实现加热（见图 3-14、图 3-15），这种方法仅适用于小型设备的加热。

b. 感应电流加热。交流电引起的磁通量变化在被加热体中感应产生的涡流损耗而变为热能，感应电流在加热体中透入的深度与设备的形状与用电流的频率有关。在化工生产上，应用较方便的是用普通的工业交流电产生感应电流加热，称为工频感应电流加热法。它适用于壁厚 5～8mm 的圆筒形设备的加热，加热温度在 500℃以下。工频感应加热近年来在化工生产（如医药、化纤、石油化工等部门）已推广应用，如已被用于间苯二磺酸钠碱熔（340℃）、癸二酸氨化（280℃）、尼龙 66 聚合（240℃）等反应釜的加热。

c. 短路电流加热。将低压的交流电直接通到被加热的设备上，利用短路电流产生的热量进行高温加热。这种电加热法适用加热细长的管式反应器或塔式反应器。

⑤ 烟道气加热　用煤气、天然气、石油加工废气或燃料油等燃烧时产生的高温烟道气作为热源加热设备，可用于 300℃以上高温加热。烟道气加热效率低、给热系数小、温度不易控制。

5. 酯化反应回流系统的改进

醇酸树脂大分子是由简单的酯化反应而逐步生成的，酯化反应时有水生成。酯化反应的速度取决于酯化反应生成的水引出反应体系的速度。另外，还可用催化剂提高酯化速度。溶剂一般采用二甲苯与水共沸法蒸出反应生成的水，水和二甲苯蒸气经冷凝后进入分离器，水排出体系外，二甲苯返回反应釜，循环使用。如果二甲苯和水分离不好，二甲苯夹带少量的水回到反应釜内，将使酯化时间延长，树脂的透明度差。一些较先进的醇酸树脂生产装置，对冷凝回流系统比较重视，如控制合适的冷凝器尾温、分水器的高径比适当增大，使水和二甲苯尽可能分离好。这些改进只是让二甲苯尽可能地少带水，但不能达到使回流二甲苯完全不含水。

联邦德国 RHE Handel 工程公司在 1983 年设计了用电子计算机控制和操作的醇酸树脂合成装置，共沸蒸出和回流系统是首创。该流程由一台 $6.3m^3$ 反应釜和 $12.5m^3$ 反应釜与 $35m^3$ 稀释罐两套装置组成，年产醇酸树脂 7000t 左右。该装置还可多设一个二甲苯贮槽连接计量泵，酯化初期保证完全不含水的二甲苯回流。该流程中的共沸蒸出和回流装置与国内装置以及大多数国家常用的醇酸树脂生成装置是不同的，用填料塔代替通常的蒸出管，分水后的溶剂不直接回流入反应釜中，而是用循环泵打入填料塔顶部，回流液与釜内蒸出的共沸物蒸气在填料塔内进行良好的传热传质，使共沸物蒸气中夹带的低分子多元醇、脂肪酸冷却流回反应釜，以减少低分子反应物的损失。进入反应釜的冷溶剂在填料塔内被初步加热，进入反应釜后不致使反应物温度波动过大，减少热量的消耗。

这套装置可以保证二甲苯和水迅速蒸出，经冷凝后在分水器内可充分分离，整个酯化过程中流入反应釜的二甲苯基本上不会带水。这样可以缩短酯化时间，提高树脂透明度，树脂分子量分布要窄一些，改进了树脂的性能。

由于使用填料塔代替蒸出管，避免了酯化聚合过程中低沸点反应物的损失，保证了配方实现，从而保证了树脂的质量。

这套装置还有一些优点。

① 使用填料塔，反应釜性能提高，除生产醇酸树脂外，还可生产其他缩聚型树脂。

② 填料塔有恒量的热溶剂回流，可以防止集聚污垢。

改进的流程如图 3-16。

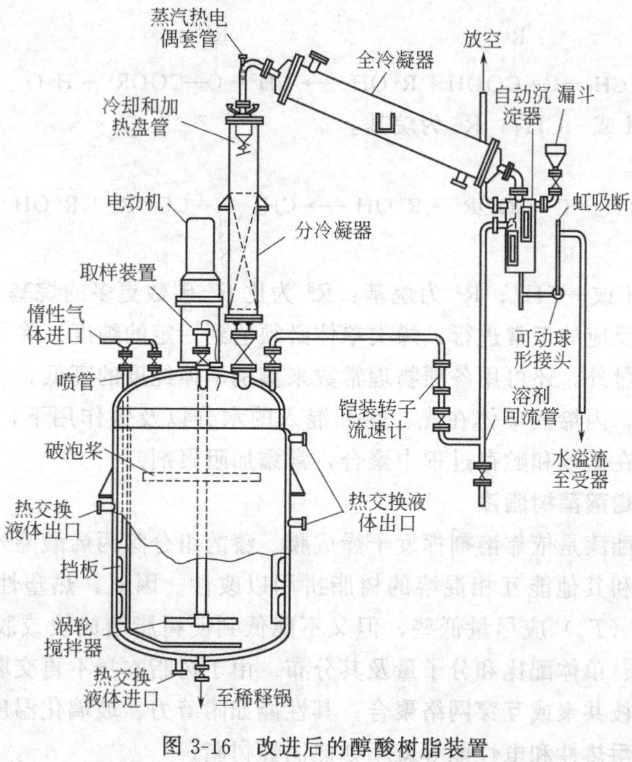

图 3-16　改进后的醇酸树脂装置

第二节 丙烯酸树脂涂料

丙烯酸树脂涂料是由丙烯酸酯或甲基丙烯酸酯的聚合物制成的涂料，这类产品的原料是石油化工生产的，其价格低廉，资源丰富。为了改进性能和降低成本，往往还采用一定比例的烯烃单体与之共聚，如丙烯腈、丙烯酰胺、醋酸乙烯、苯乙烯等。不同共聚物具有各自的特点，所以，可以根据产品的要求，制造出各种型号的涂料品种。它们有很多共同的特点。

① 具有优良的色泽，可制成透明度极好的水白色清漆和纯白的白磁漆。

② 耐光耐候性好，耐紫外线照射不分解或变黄。

③ 保光、保色，能长期保持原有色泽。

④ 耐热性好。

⑤ 可耐一般酸、碱、醇和油脂等。

⑥ 可制成中性涂料，调入铜粉、铝粉，则具有金银一样光耀夺目的色泽，不会变暗。

⑦ 长期贮存不变质。

丙烯酸酯涂料由于性能优良，已广泛用于汽车装饰和维修、家用电器、钢制家具、铝制品、卷材、机械、仪表电器、建筑、木材、造纸、黏合剂和皮革等生产领域。其应用面广，是一种比较新的优质涂料。

一、丙烯酸单体

由联碳公司开发的丙烯氧化合成丙烯酸工艺，是目前各国合成丙烯酸的主要方法。

$$CH_2 = CHCH_3 + 3/2O_2 \longrightarrow CH_2 = CHCOOH + H_2O$$

此外，还可用直接酯化法和酯交换法合成各种丙烯酸酯单体。

(1) 直接法

$$CH_2=\underset{|}{\overset{R^1}{\overset{|}{C}}}-COOH + R^2OH \longrightarrow CH^2=\overset{R^1}{\overset{|}{C}}-COOR^2 + H_2O$$

式中，R^1 为 H 或—CH_3；R^2 为烷基。

(2) 酯交换法

$$CH_2=\underset{R^1}{\underset{|}{C}}-COOR^2 + R^3OH \longrightarrow CH_2=\underset{R^1}{\underset{|}{C}}-COOR^3 + R^2OH$$

式中，R^1 为 H 或—CH^3；R^2 为烷基：R^3 为比 R^2 碳数更多的烷基。

为了保证聚合反应的正常进行，烯类单体必须达到一定的纯度。除了用仪器分析测量各单体中的杂质含量外，还可用各项物理常数来鉴别单体纯度的高低。

在贮存过程中，丙烯酸单体在光、热和混入的水分以及铁作用下，极易发生聚合反应。为了防止单体在运输和贮存过程中聚合，常添加阻聚剂。

二、热塑性丙烯酸酯树脂漆

热塑性丙烯酸酯漆是依靠溶剂挥发干燥成膜。漆的组分除丙烯酸酯外，还有溶剂以及其他助剂，有时也和其他能互相混溶的树脂拼用以改性。因此，热塑性树脂作为成膜物质，其玻璃化温度（T_g）应尽量低些，但又不能低到使树脂结成块或胶凝。它的性质取决于所采用的单体、单体配比和分子量及其分布。由于树脂本身不再交联，因此用它制成的涂料若不采用接枝共聚或互穿网络聚合，其性能如附着力、玻璃化温度、柔韧性、抗冲击力、耐腐蚀性、耐热性和电性能等就不如热固性树脂。

一般地说，分子量大的树脂物理机械及化学性能好，但大的树脂在溶剂中溶解性能差、黏度高，喷涂时易出现“拉丝”现象。所以，一般漆用丙烯酸树脂的分子量都不是太高。这类树脂的主要优点是：水白色透明、有极好的耐水和耐紫外线等性能。因此，早先用它作为轿车的面漆和修补漆，近来也用作外墙涂料的耐光装饰漆。另一主要用途是作为水泥混凝土屋顶和地面的密封材料和用作塑料、塑料膜及金属箔的涂装。

1. 丙烯酸树脂清漆

以丙烯酸树脂作主要成膜物质，加入适当的其他树脂和助剂。可根据用户需要来配制。如航空工业使用丙烯酸树脂漆要求高耐光性和耐候性；皮革制品则需要优良的柔韧性。加入增塑剂可提高漆膜柔韧性及附着力，加入少量硝化棉可改善漆膜耐油性和硬度。

热固性丙烯酸树脂清漆干燥快（1h 即可干）、漆膜无色透明，耐水性强于醇酸清漆。在户外使用耐光、耐候性也比一般季戊四醇醇酸清漆好。但由于是热塑性树脂，耐热性差，易受热发黏。同时不易制成高固含量的涂料，喷涂时溶剂消耗量大。

配方：热塑性丙烯酸清漆（质量份）

丙烯酸共聚物（固体分50%）	65	甲苯	16
邻苯二甲酸丁苄酯	3	甲乙酮	16

2. 丙烯酸树脂磁漆

由丙烯酸树脂加入溶剂、助剂与颜料碾磨可制成磁漆。

高速电气列车应用丙烯酸磁漆，比醇酸磁漆检修间隔大、污染小、耐碱性好，并且干燥迅速。

配方：丙烯酸磁漆（质量比）

丙烯酸树脂	1	磷酸三甲酚	0.016
三聚氰胺甲醛树脂	0.125	钛白粉	0.44
苯二甲酸二丁酯	0.016	溶剂	4.70

3. 底漆

丙烯酸底漆常温干燥、附着力好，特别适合于各种挥发性漆（如硝基漆）配套做底漆。丙烯酸底漆对金属底材附着力好，尤其是浸水后仍能保持良好的附着力，这是它突出的优点。一般常温干燥，但经过100～120℃烘干后，其性能可进一步提高。

三、热固性丙烯酸树脂漆

热固性丙烯酸树脂涂料在树脂溶液的溶剂挥发后，通过加热（即烘烤），或与其他官能团（如异氰酸酯）反应固化成膜。这类树脂的分子链上必须含有能进一步反应而使分子链节增长的官能团。因此，在未成膜前树脂的分子量可低一些，而固体分则可高一些。

这类树脂有两类，其中一类需要在一定温度下加热（有时还需加催化剂），使侧链活性官能团之间发生交联反应，形成网状结构；另一类则必须加入交联剂才能使之固化。交联剂可以在制漆时加入，也可在施工应用前加入（双组分包装）。

除交联剂外，热固性丙烯酸树脂中还要加入溶剂、颜料、增塑剂等，根据不同的用途而有不同的配方。

轿车漆配方（质量比）

含羟基丙烯酸树脂	59.6	甲基硅油（0.1%二甲苯溶液）	3.0
丙烯酸树脂黑漆片	15.5	低醚化变二聚氰胺甲醛树脂（60%）	24.8

140℃烘烤 1h，固化。

第三节　环氧树脂涂料

20 世纪 30 年代发明了环氧树脂的合成方法，40 年代环氧树脂的应用得到推广，随后瑞士的汽巴公司、美国的壳牌公司相继投入正式生产，发展速度很快。环氧树脂赋于涂料以优良的性能和应用方式上的广泛性，使得在涂料方面的增长速度仅次于醇酸树脂涂料和氨基树脂涂料，被广泛用于汽车、造船、化工、电子、航空航天、材料等工业部门。

环氧树脂是含有环氧基团（$-CH-CH_2$）的高分子聚合物。主要是由环氧氯丙烷和双酚 A 合成的，其相对分子质量一般在 300～700 之间。其结构如下：

$$\underset{\backslash O/}{CH_2-CH}-CH_2\left[O-C_6H_4-\overset{CH_3}{\underset{CH_3}{C}}-C_6H_4-O-CH_2-\underset{OH}{CH}-CH_2\right]_n O-C_6H_4-\overset{CH_3}{\underset{CH_3}{C}}-C_6H_4-O-CH_2-\underset{\backslash O/}{CH-CH_2}$$

环氧树脂本身是热塑性的，要使环氧树脂制成有用的涂料，就必须使环氧树脂与固化剂或植物油脂肪酸进行反应、交联而成为网状的大分子，才能显示出各种优良的性能。其优点如下。

① 环氧树脂分子中苯环上的羟基能形成醚键，漆膜保色性、耐化学品及溶剂性能都好；另外，分子结构中还有脂肪族的羟基，与碱不起作用，因而耐碱性也好。

② 漆膜具有优良的附着力，特别是对金属表面的附着力更强。这是因为环氧树脂分子中含有脂肪族羟基、醚基和很活泼的环氧基，由于羟基和醚基的极性使环氧树脂分子和相邻表面之间产生引力，而且环氧基和含活泼氢的金属表面形成化学键，所以大大提高了其附着力。漆膜耐化学腐蚀性也好。

③ 环氧树脂涂料有较好的热稳定性和电绝缘性能。

环氧树脂涂料具有很多优点，但它也存在不足之处。

① 户外耐候性差，漆膜易粉化、失光，漆膜丰满度不好。因此，不宜作为高质量的户外用漆和高装饰性用漆。

② 环氧树脂结构中有羟基，制漆时若处理不当时，漆膜耐水性不好。

③ 环氧树脂涂料有的是双组分的，制造和使用都不方便。

一、环氧树脂的分类

环氧树脂涂料是合成树脂涂料的四大支柱之一，其分类方法有多种。涂料工业中，较常用的是以用途和是否有溶剂来分类。

(1) 以用途分类　按用途可分为建筑涂料、汽车涂料、舰船涂料、木器涂料、机器涂料、标志涂料、防腐涂料、耐热涂料、防火涂料、示温涂料等。

(2) 主要是否有溶剂来分类　按状态可分为溶剂型涂料、无溶剂涂料（液态或固态）、水性（水乳化型和水溶型）涂料。

二、环氧树脂涂料

1. 胺固化环氧树脂涂料

胺固化环氧树脂涂料是在常温下进行固化的。固化剂主要是多元胺、胺加成物和聚酰胺树脂。由环氧基团和固化剂的活泼氢原子交联而达到固化的目的。

(1) 多元胺固化环氧树脂涂料　这类环氧树脂涂料使用前各组分分别包装，施工时按要求配制，使用期很短，漆膜附着力、柔韧性和硬度好。完全固化后的漆膜耐脂肪烃溶剂、稀酸、碱和盐。环氧树脂通常选用相对分子质量在900左右的中低分子量环氧树脂，若选用相对分子质量在1400以上的中高分子量环氧树脂，环氧值较低，交联较少，固化后漆膜太软；相对分子质量在500以下、聚合度小于2时，漆膜太脆，配漆后使用期太短，不太方便。固化剂采用乙二胺、己二胺、二亚乙基三胺以及酸酐类物质等。

(2) 胺加成物固化环氧树脂涂料　由于多元胺的毒性、刺激性和臭味以及当其配制量不准确时可能造成性能下降等原因，目前常用改性的多元胺加成物作固化剂。如采用环氧树脂和过量的乙二胺反应制得的加成物来代替多元胺，消除了臭味，也避免了漆膜泛白现象。

(3) 聚酰胺固化环氧树脂涂料　低分子聚酰胺由植物油的不饱和酸二聚体或三聚体与多元胺缩聚而成。由于其分子内含有活泼的氨基，可与环氧基反应而交联成网状结构。由于聚酰氨基有较长的碳链和极性基团，具有很好的弹性和附着力。因此，除了起固化剂作用外，也是一个良好的增韧剂，而且对提高耐候性和施工性能也好。

采用酮类、芳烃类和醇类混合溶剂，对环氧树脂有较好的相容性，对颜料也有较好的润湿性。

聚酰胺作固化剂的固化速度较胺固化慢，而且用量配比也不像胺固化严格，因而使用上要方便得多。

2. 合成树脂固化的环氧树脂涂料

许多有活性基团的合成树脂，它们本身都可以用作涂料的主要成膜物质，如酚醛树脂、聚酯树脂等。它们与环氧树脂配合，经过高温烘烤（约150～200℃），可以交联成优良的涂膜。

(1) 酚醛树脂固化环氧树脂涂料　一般采用相对分子质量为2900～4000、聚合度在9～30的环氧树脂，由于其含羟基较多，与酚醛树脂的羟基固化反应较快；同时分子量大的环氧树脂分子链长，漆膜的弹性好。这类树脂漆是环氧树脂漆中耐腐蚀性最好的品种之一，具有优良的耐酸碱、耐溶剂、耐热性能，但漆膜颜色深，不能作浅色漆。酚醛树脂可以采用丁醇醚化二酚基丙烷甲醛树脂，它与环氧树脂（相对分子质量2900）并用时，可以得到机械强度高和耐化学品性能优良的涂料，贮藏稳定性也好。

(2) 氨基树脂固化环氧树脂涂料　这类树脂漆颜色浅、光泽强、柔韧性好、耐化学品性能也好，适用于涂装医疗器械、仪器设备，以及用作罐头漆等。

(3) 环氧-氨基-醇酸漆　这类树脂漆是采用不干性短油度醇酸树脂和环氧树脂、氨基树脂相混容而交联固化的，具有更好的附着力、柔韧性和耐化学品性，可作底漆和防腐漆使用。

(4) 多异氰酸酯固化的环氧树脂漆　高相对分子质量（1400以上）环氧树脂的仲羟基和多异氰酸酯进行的交联反应，在室温下即可进行，生成聚氨基甲酸酯。因此可以制成常温干燥型涂料。干燥的涂膜具有优越的耐水性、耐溶剂性、耐化学品性和柔韧性，用于涂装水下设备或化工设备等。

异氰酸酯固化环氧树脂涂料一般是双组分的：环氧树脂、溶剂（色漆应加颜料）为一组分，多异氰酸酯为另一组分。固化剂一般用多异氰酸酯和多元醇的加成物，如果使用封闭型的聚异氰酸酯为固化剂，就可得到贮存性稳定的涂料。但这种涂料必须烘干，才能使漆膜交联固化。所有溶剂中不能含水，配制时NCO∶OH约在0.7～1.1。

3. 酯化型环氧树脂涂料

又称环氧酯漆，它是将植物油脂肪酸与环氧树脂经酯化反应，生成环氧酯。以无机碱或有机碱做催化剂，反应可加速进行。

环氧树脂可当作多元醇来看，一个环氧分子相当于两个羟基，可与两个分子单元酸（即含有一个羧基）反应生成酯和水。常用的酸有不饱和酸（如桐油酸、亚油酸、脱水蓖麻油酸等）、饱和酸（如蓖麻油酸等）、酸酐（如顺酐等）。用不同品种的不同配比反应可以制得不同性能的环氧树脂漆品种。环氧酯漆可溶于廉价的烃类溶剂中，因而成本较低，可以制成清漆、磁漆、底漆和腻子等。环氧酯漆用途很广泛，是目前环氧树脂涂料中生产量和用量较大的一种。

环氧树脂采用分子量较大的品种，其相对分子质量多在1500左右，但也有采用900～1000的低分子量环氧树脂，不过酯化后多用于制造水溶性电泳漆。酯化后的涂料性质与脂肪酸的性质、配比、酯化工艺以及环氧树脂品种有直接关系。酯化后的环氧树脂涂料和醇酸树脂涂料一样，附着力强、韧性好，耐碱性因酯键存在而稍差，耐腐蚀性不如未酯化的涂膜，但成本低、抗粉化性能有改善。这类漆可在常温下干燥，也可烘干。

三、环氧树脂的合成

工业生产的环氧树脂可根据分子量分为三类：高分子量、中分子量和低分子量的环氧树脂。低分子量环氧树脂在室温下是液体，而高分子量的环氧树脂在室温下是固体。由于分子量大小及分子量的分布不同，必须采用不同的生产方法。低分子量的树脂多采用两步加碱法生产，它可以最大限度地避免环氧氯丙烷的水解。中分子量环氧树脂多采用一步加碱法直接合成。高分子量环氧树脂可采用一步加碱法生产，也可采用两步加碱法生产。

现以低分子量环氧树脂为例，阐述环氧树脂的生产工艺。

原料配比如下：

双酚A	502kg	2.2kmol
环氧氯丙烷	560kg	6.0kmol
液碱（30%）	711kg	5.3kmol

该类树脂的生产工艺流程见图3-17。

在带有搅拌装置的反应釜内加入双酚A和环氧氯丙烷，升温至70℃，保温30min，使其溶解。然后冷却至50℃，在50～55℃下滴加第一份碱，约4h加完，并在55～60℃下保温4h。然后在减压下回收未反应的环氧氯丙烷。再将溶液冷却至65℃以下，加入苯的同时在1h内加入第二份碱，并于56～70℃反应3h。冷却后将溶液放入分离器，用热水洗涤，分出水层，至苯溶液透明为止。静置3h后将该溶液送入精制釜，先常压后减压蒸出苯，即得树脂成品。影响环氧树脂生产的主要因素有以下几个方面。

（1）原料的配比　根据环氧树脂的分子结构，环氧氯丙烷和双酚A的理论配比应为$(n+2):(n+1)$，但在实际生产时，需使用过量的环氧氯丙烷。欲合成$n=0$的树脂，则两者的分子比应为10∶1。随着聚合度的增加，两种单体的比例逐渐趋近理论值。

（2）反应温度和反应时间　反应温度升高，反应速率加快。低温有利于低分子量树脂的合成；但低温下反应时间较长，设备利用率下降。

通常，低分子量环氧树脂在50～55℃下合成，而高分子量环氧树脂在85～90℃下合成。

（3）碱的用量、浓度和投料方式　氢氧化钠水溶液的浓度以10%～30%为宜。在浓

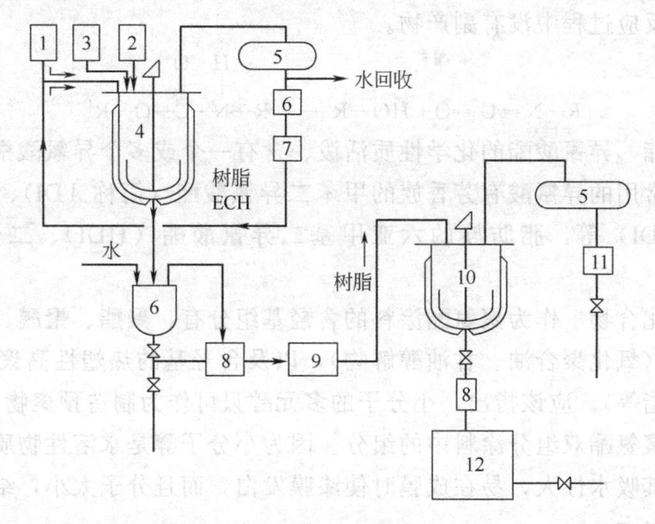

图 3-17　低分子量环氧树脂生产流程

1—环氧氯丙烷贮槽；2—氢氧化钠贮槽；3—二酚基丙烷贮槽；4—反应釜；
5—冷凝器；6—分离器；7—环氧氯丙烷回收器；8—过滤器；9—湿树脂贮槽；
10—精制釜；11—溶剂回收器；12—树脂贮槽

碱介质中，环氧氯丙烷的活性增大，脱氯化氢的反应较迅速、完全，所形成的树脂的分子量较低；但副反应增加，收率下降。一般来说，在合成低分子量树脂时用浓度为30%的碱液；而合成高分子量树脂时用浓度为10%～20%的碱液。

在碱性条件下，环氧氯丙烷易发生水解：

$$\underset{\diagdown O \diagup}{CH_2—CH}—CH_2Cl \xrightarrow[H_2O]{NaOH} \underset{OH}{CH_2}—\underset{OH}{CH}—CH_2Cl \xrightarrow[H_2O]{NaOH} \underset{OH}{CH_2}—\underset{OH}{CH}—\underset{OH}{CH_2}$$

为了提高环氧氯丙烷的回收率，常分两次投入碱液。当第一次投入碱液后，主要发生加成反应和部分闭环反应。由于这时的氯醇基含量较高，过量的环氧氯丙烷水解概率低，故当树脂的分子链基本形成后，可立即回收环氧氯丙烷。而第二次加碱主要发生 α-氯醇基团的闭环反应。

该树脂漆膜性能良好，附着力、耐候性均好，是目前环氧树脂漆中产量较大的品种。

第四节　聚氨酯涂料

聚氨酯涂料即聚氨基甲酸酯涂料，是指在分子主链上含有相当数量的重复氨基甲酸酯键的涂料的统称。

聚氨酯中除了氨基甲酸酯外，还有许多酯、醚、脲、脲基甲酸酯、三聚异氰酸酯或油脂的不饱和双键等。然而在习惯上仍统称为聚氨酯涂料。

一、聚氨酯涂料的主要原料

聚氨酯树脂不像聚丙烯酸酯那样，是由丙烯酸酯单体聚合而成的，聚氨酯树脂并非由氨基甲酸酯单体聚合而成，而是由多异氰酸酯（主要是二异氰酸酯）与二羟基或多羟基化合物反应而成。而且它们之间结合形成高聚物的过程，既不是缩合，也不是聚合，而是介于两者之间，称之为逐步聚合或加成聚合。在此反应中，一个分子中的活性氢转移到另一个分子中去。在反应过程中没有副产物。

$$R—N═C═O + HO—R' \longrightarrow R—\underset{}{\overset{H}{\overset{|}{N}}}—\overset{O}{\overset{\|}{C}}—O—R'$$

(1) 异氰酸酯　异氰酸酯的化学性质活泼、含有一个或多个异氰酸根，能与含活泼氢的化合物反应。常用的异氰酸有芳香族的甲苯二异氰酸酯（简称 TDI）、二苯基甲烷二异氰酸酯（简称 MDI）等，脂肪族的六亚甲基二异氰酸酯（HDI）、二聚酸二异氰酸酯（DDI）等。

(2) 含羟基化合物　作为聚氨酯涂料的含羟基组分有：聚酯、聚醚、环氧树脂、蓖麻油及其加工产品（氧化聚合油、甘油醇解物），以及含羟基的热塑性高聚物（如含有 β-羟基的聚丙烯酸树脂等）。应该指出，小分子的多元醇只可作为制造预聚物或加成物的原料，而不能单独成为聚氨酯双组分涂料中的组分。因为小分子醇是水溶性物质，不能与异氰酸酯混合；其次，其吸水性大，易在成膜时使漆膜发白，而且分子太小，结膜时间太长，即使结膜，内应力也大。

二、聚氨酯涂料的种类

聚氨酯涂料的分类是根据成膜物质聚氨酯的化学组成与固化机理不同而分的，生产上有单包装和多包装两种。

(1) 聚氨酯改性油漆　此涂料又称氨酯油。先将干性油与多元醇进行酯交换，再与二异氰酸酯反应。它的干燥是在空气中通过双键氧化而进行的。此漆干燥快。由于酰氨基的存在而增加了其耐磨、耐碱和耐油性，适合于室内、木材、水泥的表面涂覆，但流平性差、易泛黄、色漆易粉化。

(2) 羟基固化型聚氨酯涂料　一般为双组分涂料，甲组分含有异氰酸酯基，乙组分一般含有羟基。使用前将甲乙两组分混合、涂布，使异氰酸酯基与羟基反应，形成聚氨酯高聚物。该类型聚氨酯涂料可分为清漆、磁漆和底漆，是聚氨酯涂料中品种最多的一种。可用于制造从柔软到坚硬、具有光亮涂膜的涂料。主要用于金属、水泥、木材及橡胶、皮革的防护与涂饰等。

(3) 封闭型聚氨酯涂料　封闭型聚氨酯涂料的成膜物质与前述的双组分聚氨酯涂料相似，由多异氰酸酯及含羟基树脂两部分组成。所不同之处是，多异氰酸酯被苯酚或其他含单官能团的活泼氢原子的物质所封闭，因此两部分可合装而不会发生反应，成为单组分涂料。在加热时（150℃），苯酚挥发，氨酯键裂解生成异氰酸酯，再与含羟基树脂反应成膜。

该涂料主要用作电绝缘漆，这是由其优良的绝缘性能、耐水性能、耐溶剂性能、机械性能，一般的电工材料均能耐烘烤所决定的。电绝缘漆中最卓有成效的是电磁线漆。近年来也用于涂饰汽车等方面。

(4) 湿固化型聚氨酯涂料　此涂料是端基含有一个—NCO 基的分子结构，能在湿度较大的空气中与水反应，生成脲键而固化成膜。它是一种使用方便的自干性涂料，其性能坚韧、致密、耐磨、耐腐蚀，并有良好的抗污染性，可用于原子反应堆临界区域的地面、墙壁和机械设备作保护层，可制成清漆和色漆。但干燥速率受空气中湿度影响，对寒冬气候不适应，使用时须加催干剂。

(5) 催化固化型聚氨酯涂料　这类涂料与湿固化型涂料的结构基本相似，差别之处是利用催干剂作用而使预聚物的—NCO 基与空气中的水分子作用而固化成膜。其干燥快，附着力、耐磨、耐水和光泽都好。可用于木材、混凝土等，品种多为清漆。

三、聚氨酯涂料性能

20世纪30年代后期，德国继美国之后制成了尼龙纤维。经过大量系统的研究，1941年制成了聚氨酯纤维，但其性能赶不上尼龙，然而却发现聚氨酯适用于黏合剂、涂料等，尤其适于作为泡沫塑料使用。并在50年代逐渐获得推广应用。

聚氨酯涂料有一系列的优点。

① 漆膜耐磨性特强，是各种涂料品种中最突出的，因而广泛用作地板漆、甲板漆、纱管漆等。

② 涂料中有些品种（如环氧、氯化橡胶等）保护功能好而装饰性差；有些品种（如硝基漆等）则装饰性好而保护性差。聚氨酯涂料不仅具有优异的保护性，而且兼具美观的装饰性。所以高级木器、钢琴、大型客机等多采用聚氨酯涂料。

③ 涂膜附着力强，可像环氧一样，配成优良的黏合剂，因而涂膜对多种物面（木材、金属、玻璃、水泥、橡胶、某些塑料等）均有优异的附着力。

④ 涂膜的弹性可根据需要而调节其成分配比，可以从极坚硬的调节到极柔软的弹性涂层。而一般涂料只能制成刚性涂层，而不能具有高弹性。

⑤ 涂膜具有较全面的耐化学品性能，耐酸、碱、盐液、石油产品，因而可作为化工厂的维护涂料、石油贮罐的内衬涂料等。

⑥ 涂料能在高温下烘干，也能在低温下固化。在典型的常温固化涂料中，比如环氧、聚氨酯、聚酯等，环氧和聚酯低于10℃难以固化，而聚氨酯涂料即使在0℃以下也能正常固化，因此施工适应季节长。

⑦ 聚氨酯涂料可制成耐－40℃低温的品种，也能制成耐高温绝缘涂料。涂料的耐高、低温性能可根据需要而调节。

⑧ 聚氨酯涂料涂覆的电磁线，可以不刮漆在熔融的焊锡中自动上锡，特别适用于电讯器材和仪表的装配。这类电磁线浸水后绝缘性能下降很少。

⑨ 可与其他许多树脂复配制漆。根据不同的需要制成许多新的品种。

由于具有上述优良性能，聚氨酯涂料在国防、基建、化工防腐、电气绝缘、木器涂料等各方面都得到广泛应用，产量日增，新品种相继出现，是极有发展前途的品种。但它也有一些缺点。

① 保光保色性差。由甲基二异氰酸酯为原料制成的聚氨酯涂料不耐日光，也不宜制浅色漆。

② 有毒性。异氰酸酯类对人体有害。芳香族异氰酸酯的毒性更大。

③ 稳定性差。异氰酸酯十分活泼，对水分和潮气敏感，易吸潮，贮存过程中遇水则不稳定。

④ 施工要求高。操作不慎易引起层间剥离、起小泡。有些品种是多包装的，施工麻烦。

第五节　乙烯类树脂涂料

乙烯类树脂的原料来自石油化工，资源丰富而价格低廉，同时它有一系列优点：如耐候、耐腐蚀、耐水、电绝缘、防霉、不燃等。大部分乙烯类树脂涂料属挥发性涂料，具有自干的特点。因此其产量比例在涂料总产量中逐渐增加。

一、氯醋共聚树脂涂料

聚氯乙烯的分子结构规整，链间缔合力极强，玻璃化温度高，溶解性差。用醋酸乙烯单体与之共聚，使聚合物的柔韧性增加，溶解度改善，同时保留聚氯乙烯的优点，如不燃性、耐腐蚀性、坚韧耐磨等。主要用于化工厂防腐蚀涂料、食品包装涂料、纸张涂料、织物涂料、塑料制品表面涂料、木器清漆、船舶及海洋设备涂料等。

二、偏氯乙烯共聚树脂涂料

聚偏氯乙烯分子结构对称，其耐化学腐蚀性能非常好，但在有机溶剂中很难溶解。常用氯乙烯或丙烯腈与之共聚，制成防腐漆。偏氯共聚树脂可广泛用于与饮食有关（如饮水柜、食品包装容器、啤酒桶等）的涂料中。偏氯乙烯丙烯腈共聚物的气体液体渗透性极低，适合于配制气密性要求高的纸制品和玻璃纸用的涂料。该树脂涂料最重要的用途是作海上运输石油的大型油船的内部油舱涂料。

三、聚乙烯醇缩醛树脂涂料

聚乙烯醇缩醛是聚乙醇衍生物中最重要的工业产品，在适当介质中（如水、醇、有机或无机酸等)，聚乙烯醇与醛类缩合可制得聚乙烯醇缩醛树脂。由于它具有多种优良的性能，如硬度高、电绝缘性优良、耐寒性好、黏结性强、透明度佳等，而且主要原料可从石油化工大量生产，因此广泛地应用于涂料、合成纤维、黏合剂、安全玻璃夹层和绝缘材料等的生产中。

四、氯化聚烯烃涂料

氯化聚烯烃树脂，包括氯化聚乙烯、氯化聚丙烯等，是利用石油化工副产的低分子量聚合物制成的。由于它们具有各种优良的性能（化学防腐性、耐候性、电绝缘性和极高的起始光泽)，可以作为涂料的成膜物质。以氯化聚烯烃为基础可以生产出一系列不同用途的涂料，如外用漆、化学防腐漆、船舶漆和热带用三防漆等。

五、过氯乙烯涂料

聚氯乙烯进一步氯化得到过氯乙烯，它保留了聚氯乙烯树脂耐腐蚀、不延燃、电绝缘、防霉等优良性能，在很多溶剂中可以溶解成黏度低、浓度高的溶液，有利于生产涂料。这类涂料有很多优良性能，但不耐热，附着力差。

第六节　氨基树脂涂料

氨基树脂漆是以氨基树脂和醇酸树脂为主要成膜物质的一类涂料。氨基树脂是热固性合成树脂中主要品种之一。以尿素和三聚氰胺分别与甲醛作用，生成脲-甲醛树脂、三聚氰胺-甲醛树脂。上述两种树脂统称氨基树脂。氨基树脂因性脆、附着力差，不能单独制漆。但它与醇酸树脂拼用，经过一定温度烘烤后，两种树脂即可交联固化成膜，牢固地附着于物体表面，所以又称氨基树脂漆为氨基醇酸烘漆或氨基烘漆。两种树脂配合使用可以理解为醇酸树脂改善氨基树脂的脆性和附着力；而氨基树脂改善醇酸树脂的硬度、光泽、耐酸、耐碱、耐水、耐油等性能。两者互相取长补短。

一、氨基树脂漆的制备

能形成涂料基质的氨基树脂主要有下述四种，现分述其制备与组成。

1. 脲醛树脂

脲醛树脂是由尿素与甲醛缩合，以丁醇醚化而得。其反应式为：

$$\mathrm{H_2N{-}C({=}O){-}NH_2} + 2\mathrm{CH_2O} \longrightarrow \mathrm{HOCH_2{-}NH{-}C({=}O){-}NH{-}CH_2OH}$$

$$n\,\mathrm{HOCH_2{-}NH{-}C({=}O){-}NH{-}CH_2OH} + n\mathrm{C_4H_9OH} \xrightarrow{\mathrm{H^+}} \left[\mathrm{{-}N(CH_2OC_4H_9){-}C({=}O){-}N(H){-}CH_2{-}}\right]_n$$

用它制得的涂料，流平性好，附着力和柔韧性也不差，但耐溶性差。如果加入磷酸（2%～5%）催化剂，便能常温干燥。

2. 三聚氰胺甲醛树脂

三聚氰胺甲醛树脂是用三聚氰胺与甲醛缩合，以丁醇醚化而得。其反应式为复杂地连串反应：

$$\mathrm{C_3N_3(NH_2)_3} + \mathrm{HCHO} \xrightarrow{\text{碱或酸}} \mathrm{C_3N_3(NH_2)_2(NHCH_2OH)}$$

$$\mathrm{C_3N_3(NH_2)_2(NHCH_2OH)} + n\mathrm{HCHO} \xrightarrow{\text{碱或酸}} \mathrm{C_3N_3(NHCH_2OH)_2[N(CH_2OH)_2]}$$

多羟甲基三聚氰胺与丁醇发生如下的醚化反应（通常需要丁醇过量，酸性催化剂作用下，过量丁醇一方面促进反应向右进行，另一方面作为反应介质）：

$$\mathrm{C_3N_3(NHCH_2OH)_2[N(CH_2OH)_2]} + \mathrm{C_4H_9OH} \xrightarrow{\text{碱或酸}} \mathrm{C_3N_3(NHCH_2OH)_2[N(CH_2OH)(CH_2OC_4H_9)]} + \mathrm{H_2O}$$

多羟甲基三聚氰胺通过本身的缩聚反应及和丁醇的醚化反应，形成高分散性的聚合物，就是涂料用的丁醇改性三聚氰胺甲醛树脂。它的代表结构式如下：

$$\left[\begin{array}{c}\mathrm{H_9C_4{-}O{-}H_2C{-}N{-}CH_2} \\ | \\ \mathrm{{-}O{-}H_2C{-}N(H){-}C_3N_3{-}N(CH_2OH)(CH_2{-}O{-}C_4H_9)}\end{array}\right]_n$$

改性后的三聚氰胺树脂，因含有一定数量的丁氧基基团，使之能溶于有机溶剂，并能与醇酸树脂混溶。其在不同的极性溶剂内的溶解度与不同类型的醇酸树脂的混溶性，均与三聚氰胺树脂的丁氧基含量有关（在生产时，以三聚氰胺树脂溶液对 200 号油漆溶剂油的容忍度来表示醚化度大小）。用它制得的漆，其抗水性及耐酸、耐碱、耐久、耐热性均比脲醛树脂漆好。

3. 苯代三聚氰胺甲醛树脂

它是甲醛与苯化三聚氰胺缩合，以丁醇醚化制得。由于其分子结构中有一个活性基团被苯环取代，因此耐热性，与其树脂的混溶性、贮存稳定性等都有所改性。用它制成的漆，涂膜光亮、丰满。

4. 聚酰亚胺树脂

聚酰亚胺树脂以均苯四甲酸酐与二氨基二苯醚缩聚制得，以二甲基乙酰胺为溶剂。用它制成的漆，耐热和绝缘性能均较好。

在氨基树脂漆组成中，氨基树脂占树脂总量的10%～50%，醇酸树脂占50%～90%。按氨基树脂含量分为三档。

高氨基：醇酸树脂∶氨基树脂=(1～2.5)∶1

中氨基：醇酸树脂∶氨基树脂=(2.5～5)∶1

低氨基：醇酸树脂∶氨基树脂=(5～7.5)∶1

氨基树脂用量越多，漆膜的光泽、耐水、耐油、硬度等性能越好，但脆性变大，附着力变差，价格也变高。因而，高氨基涂料只有在特种漆或罩光中应用；低氨基者，漆膜的上述各项指标均较差，所以应用中氨基涂料为多。

与氨基树脂拼用的主要是短油度蓖麻油、椰子油或豆油改性醇酸树脂及中油度蓖麻油或脱水蓖麻油醇酸树脂。用十一烯酸改性的醇酸树脂与氨基树脂制得的漆，其耐水、耐光、不泛黄性均较好。用三羟甲基丙烷代替甘油制得的醇酸树脂与氨基树脂制备的漆，其保光、保色及耐候性都有较大改善，用来涂刷高级轿车及高档日用轻工产品。

二、氨基树脂漆的特点和用途

氨基树脂漆的特点如下。

① 色漆的颜色鲜艳。

② 漆膜光亮，显得很丰满。

③ 漆膜坚韧，附着力好，机械强度高，漆膜耐候性。

④ 抗粉化、抗龟裂性均好，且不回粘。

⑤ 耐水、耐磨、抗油、绝缘性均较好。

该类漆的主要缺点是必须烘烤干燥，故不宜作木器及大型固定设备的涂层。烘烤温度、时间都要掌握适当。时间短，温度低，则漆膜发黏；时间长，温度高，则漆膜发脆。烘烤速度过快，易出针孔等。

氨基树脂涂料广泛用于各种有烘烤条件的金属制品，如医疗器械、各种仪器、仪表、热水瓶外壳、家用电器、五金零件等。

氨基树脂漆所用的稀释剂是X-4氨基漆稀释剂，也可用丁醇与二甲苯的混合液，配比为1∶4、1∶3或3∶7；聚酰亚胺漆则用二甲基乙酰胺稀释。氨基树脂漆类比较稳定，贮存期为一年。

三、氨基树脂漆的分类

氨基树脂涂料通常分为清漆、绝缘漆、各色氨基烘漆、各色锤纹漆等类别。

1. 氨基清漆

氨基清漆含氨基树脂量较高，如A01-1、A01-2、A01-3氨基清烘漆等。它们具有耐潮性强、附着力强、坚硬耐磨、光亮丰满等优点，多用于表面罩光。各色氨基透明漆是在氨基清漆中加入醇溶型颜料制得的。漆膜美丽、鲜艳、光亮、耐油、耐水，它是各种透明罩面漆中质量较好、用量较多的品种之一。适用于钟表外壳、热水瓶、自行车、各种标牌、文教用品等物面的装修。有A14-1各色透明清烘漆等品种。

2. 氨基烘漆

氨基烘漆又叫氨基磁漆，它是高级烘漆之一，分为有光、半光、无光三种。有光烘漆含颜料分少，有良好的附着力和耐腐蚀性能，光亮、鲜艳，多用于日常轻工产品。有A04-9、A04-10、A04-11、A04-12等。

3. 氨基绝缘漆

氨基绝缘漆由于组成、用料不同，分为氨基醇酸绝缘漆和聚酰亚胺绝缘两种。其中以A30-1氨基绝缘漆应用较广泛，它有较好的干透性、耐油性、耐电弧性，附着力也很强，通常属B级绝缘材料，广泛用于各种绝缘电机、电器绕组等。聚酰亚胺绝缘漆是一种耐高温、抗辐射性能优异的绝缘漆，主要用作高温环境下使用的特种电机、电器的绝缘涂层，如A34-1聚酰亚胺漆包线烘漆等。

4. 氨基锤纹漆

氨基锤纹漆是用氨基涂料加入混合型铝银浆配制而成的。形成漆膜后，类似锤击铁板留下的锤击花纹，加入锤纹色浆可配成各种颜色的锤纹漆。该品种具有色彩调和，漆膜柔韧、坚硬、耐久等特点。它主要用于各种有色、黑色金属物面作装饰保护涂层，如A16-1各色氨基烘干锤纹漆，用于电冰箱、仪表仪器、家用电器等方面。

如前所述氨基树脂涂料自干性能差，需烘烤，且烘烤时间长，耗能大。现正在研制的各种快干产品，将大大减少烘烤时间。

氨基树脂漆，一般采用喷涂或浸涂法施工，但加入二丙酮醇后，电导增加，可采用静电喷涂施工。氨基树脂涂料除和本类底配套使用外，还常常与醇酸底漆、环氧底漆配套使用。

第七节 聚酯树脂涂料

聚酯树脂涂料的分类代号是“Z”，它和聚氨酯涂料的主要区别是它的分子中不含—NH—基。通常它由多元醇和多元酸成酯聚合而成。其中用三元醇甘油和四元醇（季戊四醇）制得的改性聚酯树脂属醇酸树脂涂料。这里主要指二元醇制得的聚酯树脂。

一、聚酯树脂涂料的制备

聚酯树脂又分为不饱和聚酯与饱和聚酯。用二元醇（乙二醇，丙二醇等）与不饱和二元酸（顺酐、顺或反式丁烯二酸）缩聚制得的树脂，由于分子中含有不饱和键因而称不饱和聚酯。聚酯树脂中不含不饱和键的称饱和聚酯。

控制好原料配比并严格反应条件。用邻苯二甲酸酐与乙二醇（或其他二元醇）进行酯化，然后与顺丁烯二酸酐继续酯化到规定酸值能得到功能更好的聚酯涂料。

根据相似者相溶原理，不饱和树脂溶于苯乙烯单体，在引发剂-有机过氧化物、促进催化剂-环烷酸钴的共同作用下，可使有不饱和聚酯和苯乙烯单体聚合而制得涂料。

用对苯二甲酸与乙二醇聚合制得对苯二甲酸聚酯，也称涤纶树脂（即的确良）。

把涤纶下脚料溶于苯、酮溶剂中，即可制得强度很高、韧性好、绝缘性好的涂料。

不饱和聚酯涂料，通常是把各个组分分开包装。使用时按比例混合，在引发剂作用下，混合液（醇、酸、引发剂、促进剂）涂层在常温下就能固化成膜。常用封闭层石蜡上浮而导致无光，只要把石蜡打磨掉，再经过抛光，就得到具有美丽光滑的涂层。如 Z22-1 本器漆属此类。

Z30-1 聚酯绝缘烘漆，也是一种不饱和聚酯漆。它是用不饱和丙烯酸聚酯和蓖麻油改性聚酯混合后，再加催干剂、引发剂制成的。

二、聚酯涂料的特性和用途

不饱和聚酯树脂涂料的优点如下。

① 涂膜硬度高，耐磨，耐冲击，固体分高。

② 结膜厚，绝缘性好。

③ 涂膜清澈透明，保光保色好。

④ 无溶剂挥发，避免环境污染；制成的腻子易干燥，且平滑。

其缺点是对金属附着力差。目前主要用于涂刷绝缘材料、高级木质家具和电视机、缝纫机台板等。不饱和聚酯涂布施工时，要注意不要把引发剂、促进剂直接混合，而应分别与不饱和聚酯调匀后再混合到一起，否则由于反应激烈能发生爆炸事故；各组分配比必须按规定从严掌握。

饱和聚酯涂料，它的涂膜坚韧，耐磨、耐热、耐刮削性好。当前品种以漆包线涂料为主。如 Z34-1 聚酯漆包线烘漆，它的溶剂是 X-24 聚酯涂料稀释剂，一般占漆的10%～20%。聚酯漆料属易燃液体，使用和贮存都要防火，其保存期为一年。

第八节　元素有机化合物涂料

元素有机涂料是指用有机硅、有机钛、有机锆等元素有机聚合物为主要成膜物质的一类涂料。目前，生产和应用较多的是有机硅涂料。

一、有机硅涂料的制备

有机硅单体是制备有机硅高聚物的基本原料。它是由氯甲烷或氯苯与硅粉合成的含甲基或苯基的单体，主要反应有：

$$2CH_3Cl + Si \xrightarrow{Cu} (CH_3)_2SiCl_2$$

$$3C_6H_5Cl + Si \xrightarrow{Cu} C_6H_5SiCl_3 + C_6H_5 \cdot C_6H_5 \xrightarrow{副反应} (C_6H_5)_2SiCl_2$$

单体经水解、浓缩、缩聚形成高分子。在 $Si/Cu/CH_3Cl$ 物系中控制一定的温度（活性铜粉参与反应，循环再生）发生复杂反应。上述反应机制比较复杂，认识尚未统一。

有机硅涂料可分为甲基有机硅树脂和苯基有机硅树脂两类，前者性脆，后都性软。现在制造涂料用的原料是两者的混合物。

二、有机硅涂料的特性和用途

有机硅涂料有很多重要特性，分述如下。

① 耐高温和耐低温性能，一般合成树脂漆的耐热温度为150℃以下，而有机硅涂料的耐热可达200℃，加入耐高温颜料和铝粉后可达到400～500℃；纯有机硅涂料耐低温为－50℃，用聚酯树脂改性后，可耐－80℃的低温。

② 耐化学腐蚀性能好，它对酸、碱、盐及一些有腐蚀性的气体和溶剂均有较好的抵抗性；对臭氧、紫外线也有良好的抵抗生。

③ 电气性能好，有机硅涂料绝缘电阻高，耐击穿性能强，耐高压电弧等方面都很优越。

④ 憎水、防霉性好，漆膜吸水性极低，因不含油脂故不受霉菌的侵蚀。

⑤ 多数品种需要烘烤固化；纯有机硅涂料的机械强度、附着力和耐溶性较差，价格较高。

有机硅涂料主要用于电器、仪表、国防兵器等方面作为绝缘和耐热涂层。甲基硅油用作环氧漆、氨基漆的流平剂。

清漆一般以浸涂为主；磁漆以喷涂为主。涂膜经过烘烤比不烘烤者性能好；清漆一般烘烤温度为200℃；磁漆烘烤温度为150℃。

有机硅涂料的稀释有X-12、X-13、甲苯、二甲苯、甲苯＋丁醇、二甲苯＋丁醇等。具体选用要视纯有机硅涂料或改性有机硅涂料而定。

三、有机硅涂料的分类

根据组成把有机硅涂料分为两类。

1. 纯有机硅树脂涂料

这类涂料是纯硅树脂溶解于二甲苯形成的。它的特点是耐热性、憎水性、绝缘性好，但附着力略差，机械强度欠佳，广泛用于绝缘漆，工作温度可达180℃（H级别）。如W30-1、W30-2等均属此类。

2. 改性有机硅涂料

（1）冷混型有机硅涂料　由于纯有机硅涂料有上述特点，不易推广使用，但经改性后，可克服上述弊端。改性的方法是用其他类别树脂混拼均匀。如苯基单体含有较多有机硅单体，就可以与酚醛、氨基、醇酸、环氧、聚酯等树脂冷混；这样得到的改性有机硅树脂附着力和机械强度提高了，价格也降低了。如W61-22、W61-24、W61-27等均属此类。

（2）共缩聚型有机硅涂料　用含有活性基团的有机硅中间体与其他树脂共缩聚制得的有机硅涂料。除耐热性有所降低外，其固化性、耐溶性、机械强度都比纯有机硅有了较大改善；其保色性、附着力、柔韧性都比冷混型的好。如W30-3、W30-6、W31-1等就属此类。进行共缩聚反应要加催化剂，催化剂使硅醇间羟基脱水缩聚，使低分子环开裂，高分子重排引起链的增长。催化剂一般是碱金属，在复杂结构中可使链得到增长和重排。

（3）共缩聚冷混型有机硅涂料　用有机硅单体与其他树脂共聚后，再与另外树脂冷混制成，这类漆兼有冷混型和共缩聚型两类的共同特征。如W61-1型有机硅涂料能耐热3000～4000℃；涂层刷完后2h就能干燥；有良好的三防性能，附着力和柔韧性都很好。用于航空工业和其他需要耐高温的部件。

其他元素有机高聚物能否作涂料，主要是看它们是否具有特殊的热稳定性或化学惰性，尤其是耐高温性。除了有机硅外，还有有机氟高聚物、有机钛高聚物等也用于涂料生产。用作涂料的其他元素有机高聚物正在飞速发展中。

【阅读材料】

VOC的测定

测定VOC排放量比较困难。因为溶剂能在漆膜内残留很久，乳胶漆中的成膜助剂是慢慢释放出来的，此外，交联涂料还会产生挥发的反应副产物。例如，MF在交联时，每一个缩合反应就放出一分子醇，在自缩合时还会排放出醇、甲醛和甲缩醛。释出量取决于交联条件和催化剂用量。另一方面，在MF交联体系中，有些挥发慢的醇醚溶剂可能与MF树脂作醚交换而不再挥发出来。水可稀释涂料中用作“增溶”的胺，随着条件和胺结构的不同，挥发的程度就不同。二罐装高固体涂料的挥发物释放量受许多变量的影响，其中受二罐混合与施工的间隔时间影响最大。用低分子量低聚物、固体分很高的涂料尤其是在烘烤时，一些低聚物可能挥发，因而，即使配方已知，在许多情况下计算所得的可能VOC排放量也是近似的。

用实验来测定VOC并不简单。VOC释出量取决于涂装条件，时间、温度、膜厚、流过湿膜的空气流，有时催化剂用量也会影响结果。这样，似乎在实际条件下测定最适宜。然而这谈何容易。气干涂料测定时间会很长，烘漆中同一涂料在不同条件下测定会有差异。一般认为拟一个标准方法是所希望的，然而意见不一致。从施工变量来看，拟订一个方法似乎不可行。

因为要测定水含量，所以水性涂料的VOC测定更复杂。由于水分分析方法的重现率差，水性涂料的VOC测定重现率也比较差。改进水分分析的研究正在进行。有个改进的方法是，水先用共沸分馏再滴定，测定更方便、结果更正确。

溶剂型涂料的VOC可用下式计算，式中NVW是质量固体含量，是在规定条件下测定得到的；ρ_1是涂料的密度，g/mL；10是将VOC单位转换成每升涂料含溶剂质量时的系数。

$$\mathrm{VOC}=10(100-\mathrm{NVW})\rho_1$$

当单位为kg/L时，可除以100而不是乘以10。水性涂料的VOC可用下式计算：

$$\mathrm{VOC}=[\rho_1(100-\mathrm{NVW})-\rho_1 w_{\mathrm{H_2O}}]/[100-\rho_1 w_{\mathrm{H_2O}}/0.997]\times 1000$$

VOC也可不用分析而从涂料配方中计算。这计算需要知道所有涂料组分的溶剂含量和实际上挥发掉分数的假设，以及由化学反应如交联产生的VOC。即使有假设，在许多情况下计算的VOC可能比测得的更可靠。尤其含有很低VOC的水性涂料，它会因水分分析的误差而放大。

思考题

1. 生产醇酸树脂的常用原料是什么？单元酸的作用是什么？
2. 丙烯酸树脂的生产原料是什么？该涂料有何特点？
3. 什么是环氧树脂？环氧树脂有哪些主要品种？有哪些主要特点？
4. 聚氨酯是怎样生成的？该生产过程有何特点？
5. 聚氨酯树脂涂料有哪些特点？

第四章 专用涂料

【学习目标】 了解防腐涂料、船舶涂料、电工绝缘涂料、家用电器及自行车用涂料、塑料用涂料、建筑涂料的种类、性能和用途。

第一节 防腐涂料

一、概述

1. 腐蚀与防腐蚀

20世纪50年代以前，腐蚀的定义局限于金属的化学和电化学破坏。随着非金属，尤其是合成材料的迅速发展，使人们对非金属的破坏也重视起来。由此，腐蚀的定义已扩大为“所有物质因环境引起的破坏”，即腐蚀除化学、电化学之外，还包括机械、生物、物理和它们的联合破坏，例如塑料、橡胶的老化，木材的腐烂，混凝土、砖石的溶蚀、风化等，均可统属于腐蚀的范畴。金属的腐蚀是腐蚀科学的研究重点，故本节的防腐涂料也主要针对金属。

金属腐蚀是人们面临的一个十分严重的问题。粗略估计，每年因腐蚀而造成的金属结构、设备及材料的损失量，大约相当于当年金属产量的20%～40%，全世界每年因腐蚀而报废的金属达1亿吨以上，经济损失占国民经济总产值的1.5%～3.5%。

金属腐蚀是金属表面和周围环境中的介质发生化学或电化学反应，逐步由表及里，使金属受到破坏，丧失其原有性能的结果。一般说来，除少数贵金属外，金属都是由其氧化物、硫化物及各种盐类的自然状态的矿石，通过消耗能量的冶炼、电解等手段而获得的。因此，金属存在着一种内在的自发倾向，即由金属向其更稳定的自然状态转化，并释放出能量。这就是金属自然腐蚀的趋势。

金属的腐蚀有各种各样，按腐蚀介质分，可以分为大气腐蚀、水及海水腐蚀、土壤腐蚀及化学介质腐蚀；按腐蚀过程的机理分，可以分为化学腐蚀和电化学腐蚀；按腐蚀介质接触情况分，可以分为液相腐蚀和气相腐蚀。通常将金属的腐蚀归纳为“湿蚀”和“干蚀”两类。湿蚀是在水或水汽的参与下，各种介质对金属的作用，是电化学腐蚀。干蚀则是指化学物质对金属的直接作用及高温氧化等，属于化学腐蚀及其他。大气腐蚀、水及海水腐蚀，电解质腐蚀等都属于“湿蚀”。我们涂装保护的对象，大部分是在湿蚀条件下使用的金属制品。在我国，把防止天然介质（水、海水、大气及土壤等）腐蚀称为防锈，而把防止工业介质（酸、碱、盐等）腐蚀称为防腐或防腐蚀，其实都是为了防止和抑制化学或电化学腐蚀的进程。

在多数情况下金属腐蚀速度较低，使之仍然具有实用价值。研究腐蚀的目的就在于了解腐蚀速度和控制腐蚀的因素，从中找出防腐蚀途径，由抑制腐蚀发生或降低腐蚀速度来延长金属的使用寿命和扩大其应用范围。用涂层保护是防锈和防腐的重要措施之一。

2. 防腐蚀涂层的作用、要求和特点

防腐蚀涂料涂在被涂基体表面上固化后形成涂层，防腐蚀涂层的作用如下。

(1) 屏蔽作用　涂层的屏蔽作用在于使基体和环境隔离以免受其腐蚀。对于金属，根据电化学腐蚀原理，涂层下金属发生腐蚀必须有水、氧、离子和离子流通（导电）的途径。由此如欲防止金属发生腐蚀，就要求涂层能阻挡水、氧和离子透过涂层达到金属表面，所以屏蔽效果取决于涂层的抗渗透性。但任何涂层都有一定程度的渗透性，故屏蔽作用不可能是绝对的。

(2) 缓蚀作用　在涂层含有化学防锈颜料的情况下，当有水存在时，从颜料中解离出缓蚀离子，后者通过各种机理抑制腐蚀进行，故缓蚀作用能弥补屏蔽作用的不足。反过来，屏蔽作用又能防止缓蚀离子流失，使缓蚀效果稳定持久。

(3) 阴极保护作用　涂层中如加入对基体金属能成为牺牲阳极的金属粉，且其量又足以使金属粉之间和金属粉与基体金属之间达到电接触程度，便能使基体金属免受腐蚀。富锌底漆对于钢铁的保护即在于此。

对防腐蚀涂层性能的基本要求如下。

(1) 具有抗渗透性　由上述防腐蚀涂层的作用来看，屏蔽作用要求涂层不渗透水、氧和离子，而缓蚀作用又要求有一定量的水，有的缓蚀颜料还需有氧存在。如要兼顾发挥两种作用，有时要考虑平衡，但抗渗透仍是防腐蚀涂层的最基本要求。因涂层如相对地抗渗透，缓蚀效果可借以持久。

(2) 对腐蚀介质稳定　防腐蚀涂层对腐蚀介质的稳定性是指化学上既不被介质分解，也不与介质发生有害的反应，物理上不被介质溶解或溶胀。

(3) 对基体牢固附着　涂层要保护基体，必须在使用期间始终与基体牢固附着。除反应性底漆外，涂层的附着力主要靠分子间力的物理吸引。其中以氢键吸引最强，但这类引力只有在分子级距离内才能产生，故底漆应湿润性好，才能与基体充分接触。

(4) 有一定的机械强度　涂层应有一定的机械强度，对外加应力有相当的适应性。涂层的常规机械性能指标有硬度、柔韧性、耐冲击、耐磨耗等。

(5) 经济合理性　防腐蚀涂料既然是最广泛使用的防腐蚀措施，使用量大、面广，就更要求经济合理。除特殊情况外，应取成本低廉、施工方便、来源广泛的品种。但经济合理不仅取决于涂料的价格，还应考虑保护设备的价值，对生产、施工维护费用和使用寿命的影响。

涂层耐久才能有实用价值，所以重要的考核项目是涂层在腐蚀环境下的使用寿命。一般根据保护对象的要求决定。对耐受气相腐蚀的涂层的使用寿命分为：

短期＜5 年　　　　中期 5～10 年

长期 10～20 年　　超长期＞20 年

一般防腐蚀涂膜为短期至中期，能在严酷的腐蚀环境下应用并具有长效使用寿命的重防腐蚀涂膜，在化工大气和海洋环境中使用寿命 10～15 年，在一定温度的化学介质中使用寿命应在 5 年以上。

但由于一般涂层较薄，机械强度较低，使用过程中容易损坏，施工时影响因素很多，使涂层的使用寿命不易保证，以及受所用树脂本身耐腐蚀性的限制等原因，常规应用限于腐蚀介质，外力作用和使用温度较温和的场合。20 世纪 70 年代以来，针对上述缺点开发了厚膜涂层或重防腐蚀涂层，兼有防腐蚀涂料的施工方便又有防腐蚀衬里的使用性能，尤其是以片状不锈钢粉和片状玻璃粉加强的重防腐蚀涂层，依靠厚度、强度和化学惰性，可以用于更为严苛的腐蚀环境。

总之，上述对防腐蚀涂层性能的要求，相互间不免出现矛盾，要求研制和选用人员权衡全面，考虑主次，恰当处理。

涂层防腐蚀的特点如下。

① 施工比较简便，尤其适用于面积大，造型复杂的结构、设备。

② 维护和重涂都较容易，常可在现场进行。

③ 可与其他防腐蚀措施配合使用，如与阴极保护，水泥砂浆层和金属镀层配合。

④ 涂层色彩多样，便于标志，区分和检查。

⑤ 多数防腐蚀涂料施工时不需要贵重设备、仪器，费用较低，施工期短。

3. 防腐蚀涂料的应用领域

(1) 工矿企业　化工、轻工、矿山、冶金和石油化工等工厂的管道、贮槽和设备等。

(2) 交通运输　桥梁、船舶、集装箱、火车、汽车和飞机等。

(3) 能源工业　油气管线和罐、输变电设备和支架、核电设备、煤矿矿井等。

(4) 农业机械设备和工具　拖拉机、收割机、农药喷具和农产品的输送、贮存和加工设备等。

(5) 海洋和环保工程　海上设施、海岸及海湾构造物、海上石油钻井平台以及废水、废气和废物的大型处理装置等。

二、防锈涂料

金属生锈是最普遍、损失最大的一种腐蚀。防锈工作历来是国内外的重大科研课题之一，人们研究出多种措施防止和抑制金属的锈蚀，以涂料防锈便是一种有效的方法。

对于防锈来讲，由于钢铁占金属使用量的95%，而且70%的钢铁是在易生锈的大气中使用，所以，防止钢铁的大气腐蚀是防锈涂料的主要任务。

防锈涂料的主要成分是防锈颜料和成膜物质。通常以防锈颜料的名称而命名，如红丹防锈涂料、铁红防锈涂料等。如果以它们的防锈作用机理区分，大致可以归纳为四种类型：物理作用防锈涂料，化学作用防锈涂料，电化学作用防锈涂料及综合作用防锈涂料。

1. 物理防锈涂料

铁红防锈涂料、云母氧化铁防锈涂料、铝粉防锈涂料、玻璃鳞片防锈涂料等是物理防锈涂料。该类防锈涂料与被涂装的金属表面基本上不发生化学或电化学反应，采用不溶于水，不易被腐蚀介质分解破坏的化学性质稳定的惰性颜料和填料，涂层本身比较安定，涂层结构致密，能够降低水、氧及离子对涂料膜的透过速度或阻挡腐蚀介质和底材的接触，但防锈效果一般。

2. 化学防锈涂料

化学防锈涂料是防锈涂料的主要品种，采用多种化学活性的颜料，依靠化学反应改变表面的性质及反应生成物的特性达到防锈的目的。各类化学防锈涂料的性能比较可参考表4-1。

3. 电化学防锈涂料

如果涂覆于金属上的涂层具有比金属更低的电极电位，则当存在电化学腐蚀的条件时，涂层是阳极，金属是阴极而不被腐蚀，这就是阴极保护涂层的设计依据。

电化学防锈涂料的主要品种有富锌底涂料和铝粉防锈涂料，当前采用最多的是富锌底

表 4-1 化学防锈涂料的相对评价

所用颜料	毒性			化学活性		对表面处理的要求	防锈效果
	施工	焊接	维修	漆的黏度稳定性	在大气中成盐可能性		
红丹	大	大	大	不稳	可能	低	优
铅酸钙	大～中	大	大	中	中	中	优～中
碱式硫酸铅	大～中	大	大	中	中	中	优～中
铅粉	大～中	大	大	中	可能	中～低	优
锌铬黄	中	中	中	稳～中	中	中	优
碱式硅铬酸铅	中	中	中	稳～中	中	中	优
钼酸锌	无	无	无	稳	不成盐	中	优
磷酸锌	无	无	无	稳	不成盐	低	中
偏硼酸钡	无	无	无	稳～中	不成盐	高	中

漆。锌是阳极，铁是阴极。富锌底漆采用黏结剂把大量锌粉黏附在钢铁表面上，形成导电的保护涂层。

电化学保护涂料的防锈效果极好，在苛刻的环境下即使不用面漆也能较长期间保持防锈能力，但其成本较高，施工要求严格，如富锌底漆对金属表面的处理要求严格，存在油污、铁锈及杂质不但影响涂层的附着力，而且妨碍涂层与金属的有效接触。但从重涂期间隔长及施工费用方面考虑，经济上是合理的。

4. 锈面涂料

锈面涂料指可在生锈的钢铁表面上涂装的涂料。在涂料施工中，表面除锈是一项耗费工时、增加费用的工作，锈迹的存在对涂层质量影响很大。据估计，一般施工费用是涂料费用的 5 倍，海洋设施施工费可达 10 倍。另外，在重涂和维修中锈迹几乎不能全部除净。近年来，锈面涂料采用新技术开发出的新品种，发展前景很好。

三、防腐蚀涂料

涂层是一种最广泛应用的防腐蚀措施。防锈涂料系金属用底漆，防腐蚀涂料为用底漆至面漆的配套系统，只在防腐蚀涂料用于金属时才往往配套应用防锈底漆。

防腐蚀涂料的品种很多，主要有环氧树脂防腐蚀涂料、聚氨酯防腐蚀涂料、橡胶树脂防腐蚀涂料、乙烯树脂防腐蚀涂料、酚醛树脂防腐蚀涂料、呋喃树脂防腐蚀涂料、生涂料及其改性树脂防腐蚀涂料等。

其中环氧树脂防腐蚀涂料是防腐蚀涂料中应用最为广泛、数量最多的防腐涂料品种。此处主要介绍环氧树脂防腐蚀涂料和聚氨酯防腐蚀涂料。

1. 环氧树脂防腐蚀涂料

(1) 环氧防腐蚀涂料的特点

① 有优良的黏结力和低收缩率。

② 对水，中等浓度的酸、碱和某些溶剂有良好的耐蚀性和抗渗性。

③ 对各种施工条件和应用环境的需要有宽广的选择空间。

④ 耐候性较差，易粉化，不适用于大气防腐涂料面涂料。

(2) 环氧防腐蚀涂料的组成　适用于环氧树脂的有两类：一类是由双酚 A 和环氧氯丙烷缩聚而成的双酚 A 环氧树脂，另一类是以苯酚-甲醛缩聚而得的低分子量酚醛再与环氧氯丙烷缩聚而成的酚醛环氧树脂。

环氧树脂因分子量高低可为液态或固态。液态环氧树脂易溶于芳烃，固态环氧树脂需用芳烃和极性溶剂如醇、酯、醚酯或酮的混合溶液溶解。环氧树脂因分子结构中含有强极性的羟基和难水解的醚键，故使涂层对基体附着牢固且耐腐蚀，又因分子链中兼有刚性的芳核又有柔性的烃链，故使涂层强韧而耐磨，但也由于极性基团多而亲水性大，应在制涂料配方中注意弥补。

酚醛环氧比双酚环氧官能度高，芳核密度大，使涂层的耐热性和耐溶剂性提高，且黏度低，反应性高，可制高固体或无溶剂涂料，能在低温高湿下固化。

溶剂对常温固化环氧涂料的施工期、干性和耐腐蚀性均有影响。极性溶剂能加快固化速度，酮类溶剂能延长使用期限。溶剂的挥发速度与许多性能有关：挥发慢的溶剂不仅使涂层硬度提高慢，且易在涂层中滞留，导致在浸泡条件下容易起泡和形成内应力，影响防腐蚀性，对高固体涂料和厚涂层特别有害。

高分子量环氧树脂可作为热塑性树脂制成挥发性涂料，虽使用方便且性能优良，但溶剂要求高，涂料的固体分低，故应用少。中等分子量环氧树脂可与其他树脂并用或制环氧酯。据报道，酚醛环氧树脂各方面性能更好，但价格较贵。目前大量用于防腐蚀的是以低分子量环氧树脂为基础的双组分涂料，能制成高固体分和无溶剂涂料，涂层的交联度高，防腐蚀性能好。这类涂层的性能往往取决于固化剂。固化剂种类很多，可用于防腐蚀涂料的主要是胺类、多异氰酸酯、酚醛和氨基树脂。

(3) 环氧防腐蚀涂料的品种分类　常温固化环氧防腐蚀涂料的类型及主要应用性能列于表 4-2。

表 4-2　常温固化环氧涂料的类型及主要应用性能

涂料类型	典型的树脂/固化剂	挥发量/%	适用期/h	使用方法	250μm 厚度需涂道数
传统溶剂型	固体树脂/胺加成物或聚酰胺树脂	0～70	6～8	涂刷或喷涂	约 8
厚浆型	固体树脂/胺加成物	0～40	4～6	压力罐	4～6
高固体组分	液体树脂/改性胺和酰胺固化剂	10～20	1～2	无空气喷涂	2～3
无溶剂型	液体树脂/改性胺	0～10	0.5	双组分无空气喷涂	1～2
水性涂料	改性液体树脂/水分散固化剂	50	1～2	压力罐	4～6

常用的环氧防腐蚀涂料的品种为胺固化环氧防腐蚀涂料、聚酰胺固化环氧防腐蚀涂料、环氧沥青防腐蚀涂料、无溶剂环氧防腐蚀涂料和环氧酚醛防腐蚀涂料等。具体配方可查阅相关资料。

2. 聚氨酯防腐蚀涂料

(1) 聚氨酯防腐蚀涂料的特点

① 聚氨酯涂料品种多样，可适合多种用途。双组分、室温固化的羟基型聚氨酯涂料是聚氨酯防腐涂料的主要品种。

② 具有突出的耐候性和耐油性。

③ 具有可调节的优良综合性能，既可形成刚性，也可形成弹性的涂料。还有优良的韧性、耐磨性及低温固化性等。

④ 配方有广宽的适应性，既可与各种树脂、添加剂复配，改善性能，又有利于配制各种环保型涂料。

⑤ 由于涂料中的异氰酸酯基（—NCO）组分的易挥发性和易反应性，在涂料的加工、

运输、贮存和施工中应充分注意。

(2) 聚氨酯防腐蚀涂料的组成　聚氨酯是指分子结构中含有氨基甲酸酯键的高聚物。氨基甲酸酯键由异氰酸基和羟基反应形成

$$—NCO+—OH \longrightarrow —NHCOO—$$

聚氨酯树脂的单体是多异氰酸酯和多羟基化合物。多异氰酸酯有芳香族和脂肪族两类。由于前者较廉价，常温下反应活性较大，故在防腐蚀涂料中大多数采用前者而很少采用后者，后者仅在有装饰性要求的户外涂装的面漆中才采用。为了改善贮存、施工和涂料膜性能，常将多异氰酸酯单体制成含游离异氰酸基的聚氨酯预聚物或加成物。除了可用多羟基化合物固化多异氰酸酯外，其他含活性氢的化合物均能与之反应，其中以水和胺类为重要，其能在常温甚至低温下发生固化反应，但此时反应形成的是取代脲键

$$—NCO+H_2O \longrightarrow —NHCOOH \longrightarrow —NH_2+CO_2\uparrow$$

$$—NCO+—NH_2 \longrightarrow —NHCONH—$$

由于氨基甲酸键既具有高度极性又具有化学惰性，加之异氰酸基的高度活性，使之有充分手段可按需进行调节，所以聚氨酯防腐蚀涂料的适应性和综合性能好，能适应复杂多变的工作条件。聚氨酯防腐蚀涂料近年因在多方面取得长期效果而受到重视，已与环氧树脂和氯化橡胶一起成为最重要的高效防腐蚀涂料。

(3) 聚氨酯防腐蚀涂料的品种分类　聚氨酯涂料的类别、特性及其主要用途见表 4-3。

表 4-3　聚氨酯涂料的类别、特性及其主要用途

类　型		固化方法	游离—NCO①/%	干燥时间/h	耐化学药品	施工期限	主要用途
单组分	氧固化型氨酯油	氧化聚合	0	0.4～4.0	尚好	长	室内装饰用漆，船舶、工业防腐用一般维修漆、木器漆及地板漆
	潮气固化型	空气中的水分—NCO+H_2O⟶聚脲	＜15	0.2～8（相对湿度30%以上）	良好到优异	约 1d	木材、钢材、塑料、水泥壁面的防腐涂装
	封闭型	加热	0	0.5(150℃)	优异	长	电绝缘漆及卷材涂料
双组分	催化固化型	—NCO+H_2O 在催化剂作用下交联	5～10	0.1～2（相对湿度＞30%）	良好到优异	数小时	防腐蚀涂料、耐磨涂料、皮革、橡胶用涂料
	羟基固化型	$—NCO+—OH \longrightarrow —NH\overset{O}{\overset{\Vert}{C}}—O—$	6～12	2～8	优异	约 8h	各种装饰性涂料和防腐蚀涂料

① 此栏数字皆指加成物或预聚物中端—NCO 基的含量。

常用的聚氨酯防腐蚀涂料的品种为聚酯固化型聚氨酯涂料、聚醚固化型聚氨酯涂料、丙烯酸固化型聚氨酯涂料、环氧固化型聚氨酯涂料、单组分潮气固化型聚氨酯涂料、聚氨酯沥青防腐涂料等，具体配方可查阅相关资料。

第二节　船舶涂料

一、概述

钢铁制成的船舶，长期航行在海洋之中，受到海水、海洋大气环境和其他腐蚀介质的

侵害，金属受到的腐蚀要比陆地上严重得多，若不采取保护措施，其腐蚀速度是很快的。采用合适的船舶涂料，实行涂层保护，使船只、舰艇、海上石油钻采平台、码头钢桩及海上钢铁结构等不受海水腐蚀，是有效的防护方法。

1. 船舶各部位划分及对涂层的要求

海洋与陆上自然条件不同，海洋有盐雾，带有微碱性的海水和强烈的紫外线等。船舶不同部位有其各自的腐蚀特点，对涂层有特定的要求。船舶的船底部位，长期浸于水中，遭受海水的电化学腐蚀。在海洋中还有多种多样的海洋附着生物，它们会在船底上附着，影响船只航速，增加燃料消耗，在国防上更严重的是影响了舰艇的战斗力。因此要求船底涂料有优良的耐水性、防锈性；船底最外层涂料要能防止海洋附着生物的附着，施工时对人体毒性要小。船舶水线部位受海浪冲击，要既耐水又耐晒。水线以上的船壳及上层建筑结构受海浪泼溅和强烈阳光照射，涂料膜要经受海洋气候强烈变化。甲板部位因人员走动频繁，装卸货物时容易碰撞，因此涂料膜必须有较高的耐磨性与附着力。船舶油舱内所用的涂料要耐石油与海水交替；水舱用涂料除要求良好的耐水性外，对水质不能有影响。此

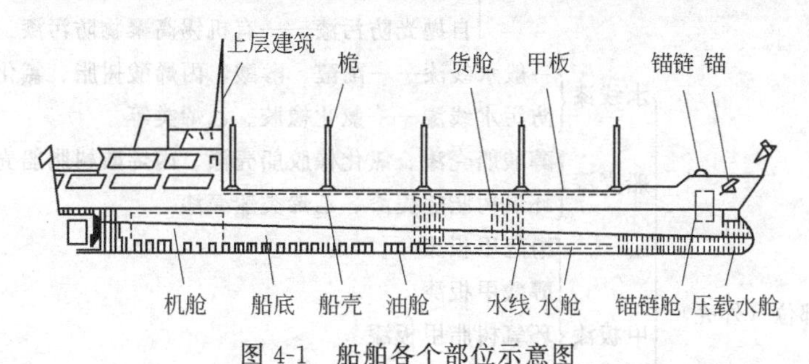

图 4-1 船舶各个部位示意图

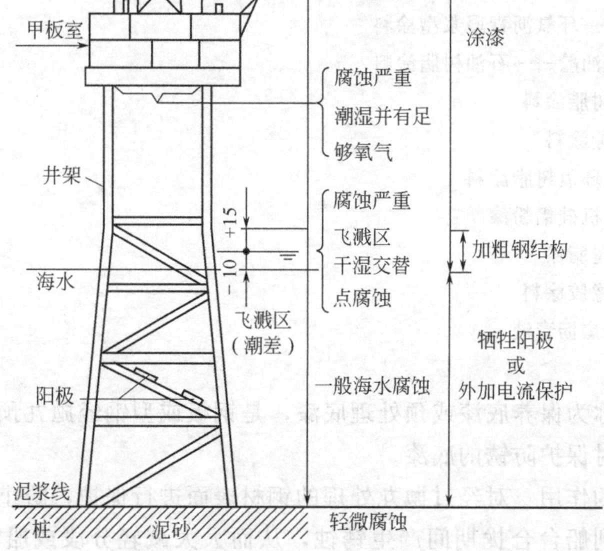

图 4-2 固定平台钢结构腐蚀分区图

外，船舶其他部位对涂料各有其不同要求，单纯几个品种难以适应各种不同的要求，因此船舶不同部位，采用不同涂料品种。图 4-1 列出了船舶各个部位的示意图，图 4-2 为固定平台钢结构腐蚀分区图。

2. 船舶涂料的分类

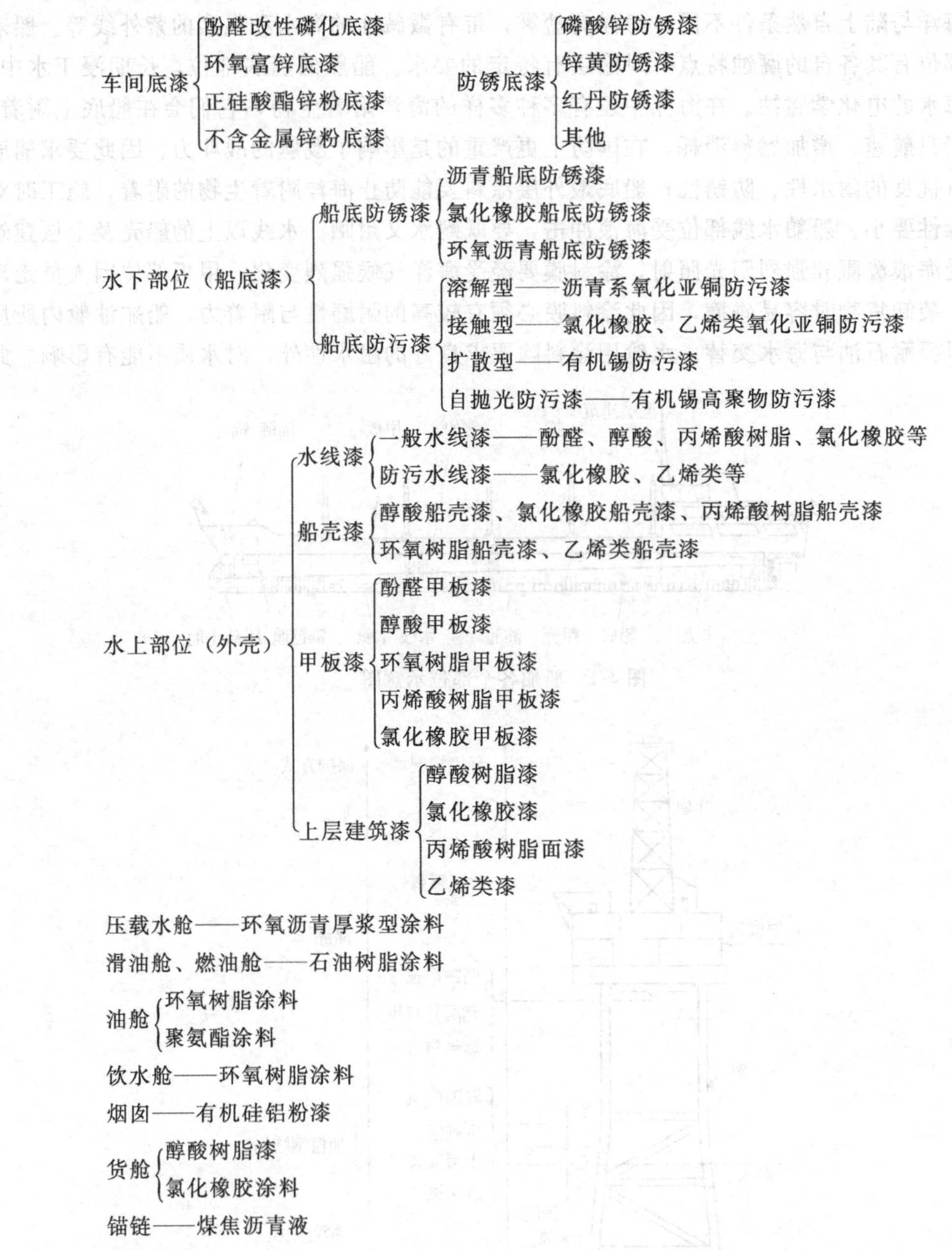

二、车间底漆

车间底漆，又称为保养底漆或预处理底漆，是钢板或型钢经抛丸预处理除锈后在流水线上采用的一种暂时保护防锈的底漆。

(1) 车间底漆的作用　对经过抛丸处理的钢材表面进行保护，防止钢材在加工、组装到分段形成，甚至到船台合拢期间产生锈蚀，从而大大减轻分段或船台涂装时的除锈工作量。

(2) 车间底漆必须具备的性能

① 有一定的防止钢板锈蚀的性能，期限视选用品种与所处环境而定，一般为3～9个月。

② 对钢板焊接性能没有影响，不影响焊接强度。

③ 能采用高压无空气喷涂并得到均匀的涂料膜。

④ 具有快干性，在加温条件下，一般来说钢板表面温度为40℃，要在3min内干燥，以便适合自动化流水线连续生产。

⑤ 具有低毒性，在焊接或切割时不产生超过劳保允许范围的对人体有毒害的气体，因此车间底漆不宜采用含有砷、锑、铅、镉、铬的颜料。

⑥ 具有良好的耐冲击性和韧性，以适应带涂料钢材的机械加工。

⑦ 对今后涂装的各种涂料应有良好的层间附着力。

⑧ 涂料膜具有良好的耐电位性能，以适合船舶的阴极保护。

(3) 常用车间底漆的品种　具体见船舶涂料的分类。

三、船底涂料

船舶涂料中最重要的是船底涂料。船底涂料就是涂刷在船舰水线以下长期浸在水下船底部位的一种涂料。由于船舰在航行期间对船底无法进行保养维修，必须在船舰进坞或上排时才能进行，因此要求船底涂料在一定时间内（至少为1年）具有既能防止海水对船底钢板的腐蚀，又能防止海洋附着生物在船底附着。

船底涂料由船底防锈涂料和船底防污涂料两种性质不同的涂料配套而成。船底防锈涂料用来防止海水对钢板的腐蚀，延长船舰寿命；船底防污涂料用来防止船舰不受海洋附着生物的附着，在一定时间内能保持船底清洁。

1. 船底防锈涂料

(1) 防止船底钢板腐蚀的方法　钢铁在海水中的腐蚀主要是电化学腐蚀。浸水部位腐蚀速度约为0.1～0.17mm/年。防止钢铁腐蚀的方法很多，然而由于船舰形体很大，有些方法不是成本太高就是无法施工。目前，防止船底钢板腐蚀最方便而有效的方法有两种：一种是单纯使用涂料进行保护，另一种是采用涂料与阴极保护相结合的方法来防止船底钢板的腐蚀。

阴极保护是把船底钢板变成阳极，来防止钢板腐蚀。单纯采用船底防锈涂料保护船底，基本上可防止船底的腐蚀，但由于船舰停靠码头、抛锚、航行时遭受流砂摩擦，或北方严冬季节海港中船只破冰前进时，船底涂料涂料膜会碰掉、脱落，船底钢板将失去保护而发生腐蚀。如果船底装有阴极保护，在这种情况下便起了作用，保护了船底涂料脱落部位的裸体钢板，使之不受腐蚀。

(2) 船底防锈涂料的特殊要求　船底防锈涂料是涂刷在船只水线以下，长期浸在水中的一种涂料。因此，与在大气中使用的防锈涂料相比，在组成和性能上有很大的差别。船底防锈涂料的特殊要求如下。

① 船底防锈涂料的涂料膜透水性要小，否则就会引起涂料膜的起泡脱落而失去防锈作用。

② 对钢板或底层的车间底漆必须具备很好的附着力。

③ 干燥快，尽量减少船只因施工而在船坞内的停留时间。

④ 与船底防污涂料应有很好的配套性能，防锈涂料与防污涂料的涂层之间应有良

好的附着力，不然会造成防污涂料与防锈涂料之间的分层和防污涂料的大面积脱落，造成海洋附着生物的大量附着，防锈涂料的涂料膜也将受到一定程度的破坏而失去防锈作用。

⑤ 船底防锈涂料应能耐阴极保护装置的保护电位。

(3) 船底防锈涂料的种类　船底防锈涂料可分为沥青系、油改性系等常规防锈涂料及氯化橡胶系、环氧沥青系等高性能船底防锈涂料等。

氯化橡胶船底防锈涂料分为氯化橡胶防锈涂料和氯化橡胶沥青防锈涂料两种类型。氯化橡胶防锈涂料由氯化橡胶、树脂、增塑剂、防锈颜料以及助剂等成分组成。氯化橡胶沥青防锈涂料由氯化橡胶、煤焦沥青、防锈颜料、助剂等组成。氯化橡胶涂料具有长效防锈效果，施工方便等突出的优点，越来越受重视和欢迎，增长尤为迅速。

环氧沥青防锈涂料系由环氧树脂和煤焦沥青配合而成的高固体的两罐装涂料。环氧沥青防锈涂料涂料膜坚韧，在钢板与铝合金表面上均有良好的附着力，能经受长期浸水，干湿交替，阴暗潮湿的环境。由于环氧沥青防锈涂料具有良好性能，因而在国内外都得到了迅速的发展和大量的使用。现在，环氧沥青系防锈涂料不仅用在船底部位作船底防锈涂料，还广泛用于海上钻井平台，码头钢管桩、管道、水下钢闸门以及海上钢铁设施和阴暗潮湿部位。

环氧煤焦沥青涂料在低温下固化速度慢，5℃以下难以固化。为了解决这一问题，近年来开发了异氰酸酯固化的环氧煤焦沥青涂料与聚氨酯煤焦沥青涂料等低温固化防锈涂料来解决冬季施工。

为了延长水下构件使用寿命并达到长期保护的目的，有时必须采用水下施工涂料来进行维修。水下施工涂料常用的品种是无溶剂环氧沥青型，主要成膜物质为环氧树脂、沥青，加上一系列固化剂、助剂、填充颜料等组成。

2. 船底防污涂料

防污涂料是涂装于船底和海洋水下设施的一种特殊涂料。防污涂料由毒料、颜料、涂料料、溶剂及助剂等几部分组成。

(1) 船底防污涂料的作用　它的主要作用是通过涂料膜中毒料的渗出，扩散或水解等方式逐步释放毒料，达到防止海洋附着生物附着于船底或海洋水下设施的目的。

海洋中附着在船体和海上结构上的附着生物繁多，动物性的约1300种，植物性的约600种，常见的有50种，附着生物大部分生存于海岸及港湾处。假如船底上不涂防污涂料，或防污涂料已丧失防污作用，船底就会被它们附着，可形成一个厚达十余厘米的堆积层，其重量每平方米可达二十余公斤。附着生物对船舶危害性极其严重，它会使航行阻力增大，从而增加燃料消耗。

防止海洋附着生物附着于船底方法有：涂船底防污涂料；在船底采用超声波；在船底安装口径小的管子，当在海港停泊时，向四周海水渗放毒料溶液等。但是目前最方便而有效的方法是涂船底防污涂料，以达到防止或杀死企图附着到船底上来的海洋附着生物。

氧化亚铜对人体毒性小，能够较有效地防止海生物污损，是防污涂料中的主要防污剂。近一二十年来出现了如有机锡、有机铅、有机砷等毒料，可以和氧化亚铜并用起到增效作用。

我国海岸线长达一万八千多万里，各海区海生物的繁殖时间、品种、数量等均有不同，各港湾各有优势污损生物。随着我国海运事业的发展和海洋资源的开发，如何有效地防除海生物污损，是一项具有经济和军事意义的工作。

(2) 船底防污涂料的特性

① 在一定时间内能防止海洋附着生物附着。

② 涂料膜内的毒料能逐步向海水渗出。

③ 涂料膜有一定的透水性，以保持毒料连续渗出。

④ 与防锈涂料涂料膜之间，有良好的附着力，层与层之间要稍能互溶。

⑤ 要求涂料膜有良好的耐海水冲击性，在长期浸水条件下不起泡，不脱落等物理性能。

⑥ 有良好的贮存稳定性，一般为一年，在贮存期间防污性能不下降。

(3) 船类防污涂料的类型　防污涂料按其渗出机理，大致可分为四种类型：溶解型、接触型、扩散型和自抛光型。

溶解型防污涂料是目前使用最广泛的，其主要组分是松香溶液和分散在里面的毒料。其他成分包括树脂、增塑剂和惰性颜料。这些组分通常用来减低松香在海水中的溶解速度和提高涂料膜的物理性能。

接触型防污涂料由物理性能强的涂料基，加入很高用量的毒料以保证每一个毒料颗粒或其他可溶物之间相互接触。由于涂料膜内毒料含量高，防污期限要比涂料料溶解型长，但要求用防锈性强的底涂料配套，目前常用的防锈涂料是环氧沥青厚浆型涂料。

扩散型防污涂料以丙烯酸类树脂、乙烯类树脂或合成橡胶作为基料。以有机锡化合物为毒料，毒料与基料形成固溶液，像分子一样分散在整个涂料膜中，能防止海洋附着生物的幼虫和孢子在毒料的间隙生长发育，杀害能力大，并且毒料渗出率也较溶解型和接触型更为平稳和持久。

自抛光防污涂料的成膜物是由甲基丙烯酸三丁基锡与其他丙烯酸类单体聚合而成的有机锡高聚物。这种有机锡高聚物在海水中水解释放出有机锡，水解后的树脂变成水溶性，逐步在海水中溶解，在防止海生物污损的同时起到抛光涂料膜的作用，减小航行阻力。这种防污涂料涂料膜可全部起作用，防污期长，这是其他类型防污涂料所不能比拟的，且毒料释放较常规的均匀。自抛光防污涂料用于航行少、停泊多的船只，需较快的溶化速度和较高的毒料含量，如军舰。

四、水线涂料

1. 水线、飞溅区，潮差区的腐蚀情况

船舶的水线部位及海上工程如石油钻采平台、深水码头钢桩等，处于空气与水交替接触的部位，其腐蚀要比长期浸在水中的船底部位严重得多。不但腐蚀严重，且时而还露出水面，受到烈日的曝晒，又要受到缆绳和船舶停靠时擦伤与碰撞，是船体中腐蚀最严重的区域。

2. 水线涂料的特性

①耐水性能好；②涂料膜层间附着力强；③耐干湿交替；④耐机械摩擦；⑤快干。

码头钢桩与石油钻采平台水下部位采用外加电流阴极保护，在高潮时部分飞溅区浸入水中，涂料膜受到外加电流的影响，因此涂料膜必须耐阴极保护电位。

3. 水线涂料的种类

(1) 一般水线涂料　一般水线涂料，又称常规型水线涂料，按所用涂料料可分以下几种类型。

① 酚醛水线涂料　这种类型的水线涂料目前使用最广，特别是对于水线部位经常需修修补补的货船，由于成本低，较为适合。

它的涂料基料是用松香改性酚醛树脂或苯基苯酚甲醛树脂与桐油等干性油熬炼而成的。这种涂料基料具有良好的耐水性和附着力。有时还适量加入中油度醇酸树脂以提高涂料膜的保光性。酚醛水线涂料系用上述涂料料加入颜料及体质颜料配制而成。

② 氯化橡胶水线涂料　氯化橡胶水线涂料是以氯化橡胶为基料，以氯化石蜡为增塑剂，加入颜料、填充料及助剂等配制而成的，有以下几个特点：a. 干燥快，可以大大缩短施工周期；b. 对底材的附着力好；c. 涂料膜坚韧耐磨，能经受海浪冲击，涂料膜不脱落；d. 耐干湿交替；e. 重涂性好，维修方便。

(2) 防污水线涂料　船舶经常停在海港时，水线部位若长期浸于海水中，很容易被海洋附着生物附着。在这种情况下，一般水线涂料就不能适应，必须用具有防污性能的水线涂料。防污水线涂料除了能防止海洋附着生物的附着外，应还有一般水线涂料所具的特性。防污水线涂料配方和船底防污涂料有类同之处。以树脂、松香等为基料，氧化亚铜为主，辅之以氧化汞、DDT 或有机锡等作毒料，再加一定量的颜料，体积颜料以及助剂等配制而成。

近年来，由于船底防污涂料的发展，采用醋酸乙烯氯乙烯共聚体树脂，丙烯酸树脂等合成树脂为涂料基，这种类型的防污涂料除了具有良好的防污性能外，涂料膜还具有耐干湿交替性能，符合防污水线涂料的要求，因此水线部位与船底部位可用同一品种，不再区分，不但简化了涂料品种，并且在造船时，分段上不必划分，便于施工。

五、船壳、上层建筑及甲板用涂料

1. 船壳、上层建筑用涂料

船壳涂料涂刷于船壳及船舰或海上石油平台上层建筑。这些部位受到强烈变化的海洋气候，如日光、风雨，冰雪、盐雾等。并常受海水中浪花溅泼和海水中蒸发出来水汽的腐蚀作用。此外船只航行于寒冷的北方海区，气温可低至零下数十度；有时航行于烈日如火的热带海域，船体钢板可高达 60℃，因此船壳涂料是在海洋气候中使用的一种水上部位涂料。

船壳涂料的要求是：①耐大气曝晒；②良好的耐水性；③耐浪花泼溅；④对底漆或原来旧涂料具有良好的附着力；⑤涂料膜必须有足够韧性，以适应船体钢板由于气温变化而产生的伸缩。各种船舰及海上石油钻采平台所处自然条件不一，使用要求不一，因此船壳涂料型类较多，以适应不同的场合。

常规船壳涂料包括油基船壳涂料、纯酚醛船壳涂料、纯酚醛醇酸船壳涂料及醇酸船壳涂料。氯化橡胶船壳涂料系用氯化橡胶、树脂、增塑剂、触变剂和颜料制成，具有良好的耐水性与耐候性，干性快，施工不受气温限制。

冷固化环氧树脂船壳涂料是用环氧树脂溶于丁醇及二甲苯等混合溶剂中作为涂料料，以聚酰胺作为固化剂，加入耐候性好的颜料配制而成。该涂料涂料膜坚韧，附着力强，耐水耐磨等性能都较突出，是长效船壳涂料。

2. 甲板涂料

酚醛甲板涂料系以松香改性酚醛树脂或苯基苯酚树脂与桐油熬制的中油度酚醛涂料料，有时还加入醇酸树脂为涂料料，配以耐磨性好的颜料或填充料所制成，是常规甲板涂料。

甲板防滑涂料是用醇酸树脂、过氯乙烯树脂或氯化橡胶作为涂料基，亦有用环氧酯加入苯基苯酚甲醛树脂桐油涂料料作为涂料基，并加入耐磨颜料配制而成。甲板防滑涂料由于涂层厚，因此使用寿命较一般甲板涂料为长。

常规型甲板涂料使用期限较短，氯化橡胶型涂料虽长一些，但也不能满足大型油轮、石油钻采平台的要求，比较理想、长效的甲板涂料是冷固化环氧树脂型涂料。在环氧树脂类甲板涂料中加入防滑材料，就可制成一种性能良好的防滑甲板涂料。

自20世纪70年代后，出现了高性能涂料，亦称重防腐蚀涂料，其特点除了涂料膜具有良好的性能外，外观上呈厚浆状，一次涂装能获得较常规型涂料涂装时干涂料膜厚度大数倍的涂层。新型船舶涂料品种上亦较常规型简化，如一种底涂料往往可用于船底、水线、船壳，因此涂装过程就大为简化。

第三节　电绝缘涂料

一、概述

1. 电绝缘涂料的发展

随着科学技术的发展，电机电器用绝缘材料和绝缘技术日益受到人们的重视。对电工设备来说，绝缘材料是一种不可缺少的材料，其质量好坏，对电工设备的技术经济指标和运行寿命起着关键的作用，人们常把绝缘材料喻为“电机的心脏”。在电气设备中，绝缘材料的用量占全部材料的比例是相当可观的，以汽轮发电机为例，其主绝缘的材料费占发电机全部材料费的1/3～1/2。

1907年，贝克莱德试制出酚醛树脂。这种树脂具有较好的电性能和耐热性，利用这样的特性，先后试制成以酚醛树脂为基础的浸渍涂料、浸渍纤维制品和层压制品。从20世纪30年代起，以加成聚合物为中心的合成树脂得到迅速发展。这期间研究成功的树脂有缩醛树脂、氯丁橡胶、聚氯乙烯、聚丁烯、丁苯橡胶、增塑聚氯乙烯、聚酰胺、三聚氰胺、低密度聚乙烯、聚四氟乙烯等。

20世纪40年代有机硅树脂的合成成功，并开始工业化生产，随之发展了一系列以硅树脂为基础的H级绝缘材料。AIEE（美国电工协会）因此在电机绝缘耐热等级中增加了H级。接着不饱和树脂、环氧树脂、粉云母纸的研究成功是近代绝缘材料发展史中的一次重大革命，而且为19世纪50年代大量应用铺平了道路。但是，随着新的绝缘材料的应用，各种放电腐蚀问题也随之突出，因而对聚合物的各种电性能进行了广泛的研究。

在20世纪60年代，以美国宇航技术为转机，发展了一系列含芳环和杂环的耐热树脂，例如聚酰亚胺、聚苯并咪唑、聚芳酰胺、聚酯亚胺、聚酰胺亚胺、聚苯醚、聚酚醚等，分别用来制造涂料包线、层压板、薄膜，这些材料的耐热等级均为H级或更高。

20世纪80年代是新能源开发的时代，各种新的资源装置相继投入工业应用，磁流体发电、受控热核发电、超导体发电、太阳能发电以及高温燃料电池等一些新能源装置要求采用新的绝缘方式和绝缘材料，这一领域的开发研究将是今后绝缘材料科学技术的基础研究之一。

2. 绝缘涂料的应用和分类

电绝缘材料是一种电介质，其基本特征是以感应而不是以传导的方式来传递电的作用和影响。IEC（国际电工协会）把电介质定义为可极化的物质，把电绝缘材料定义为电导率很小的用于隔离不同电位的导电部分的材料，它包括绝缘涂料、浸渍纤维、层压板、云母制品和压塑料五大类。

绝缘涂料的分类一般有三种方法。即按用途分类，按涂层固化机理分类，也可按耐热等级来分类。

(1) 按其在电机电器中的用途分类

① 涂料包线绝缘涂料　主要浸涂各种类型线径（圆线，扁线）裸体铜线、合金线及玻璃丝包线外层，提高和稳定涂料包线的性能。

② 浸渍绝缘涂料　主要用于浸渍各种电机、电器变压器线圈、绕组及各种绝缘纤维材料，使其达到规定的耐热抗电性能。

③ 覆盖绝缘涂料　适用于各种电机、电器、绕组线圈、外层密封和外壳表面保护之用，以提高机件的抗潮性、绝缘性、耐化学气体腐蚀、耐电弧等，在特种环境中要达到抗寒和三防的要求。

④ 硅钢片绝缘涂料　主要涂覆于硅钢片表面，耐油、防锈，防止硅钢片叠合成体后间隙涡流产生。

⑤ 黏合绝缘涂料　适用于黏结云母制品和云母片、云母纸、云母带、云母板、磁极线圈；黏合塑型衬垫的云母板、电胶纸等。

⑥ 电子元件绝缘涂料　主要用于电阻、电容、电位器等无线电元件的绝缘保护。

(2) 按其固化（或交联闭环）的机理分类

① 自干型绝缘涂料　涂料层依靠氧化还原作用在25℃或低温60℃条件下干燥成膜。

② 烘干型绝缘涂料　涂料层必须在一定的温度条件下烘焙成膜。一般来说，这类绝缘涂料的耐热等级要高于自干型绝缘涂料。

③ 紫外线固化绝缘涂料　应用这种技术使绝缘涂料有可能实现快速和几乎无污染固化。含30%～40%单体的典型不饱和聚酯固化时的单体挥发损失量，用紫外线时是1%～2%以下，热固化通常是25%，甚至高达30%。

(3) 按耐热等级的分类　这种分类方法普遍受到生产者和使用者的关注。分级的主要依据是国际电工协会制定的电机电器绝缘材料在使用中热稳定性分级标准。标准将绝缘材料分成7个耐热等级。表4-4中所列的耐热温度是电机、电器和变压器绝缘结构中最热点的极限温度。

表4-4　绝缘材料的耐热等级

耐热等级	电气设备极限使用温度/℃	耐热等级	电气设备极限使用温度/℃
Y	90	F	155
A	105	H	180
E	120	C	180以上
B	130		

3. 电工绝缘涂料的基本特性

(1) 电气性能　这是绝缘涂料的基本性质，包括涂料膜的体积电阻、电击穿强度、介电常数、介质损耗及电晕、耐电弧等性能，要求这些数值不能因受热或吸潮而有显著降低。

(2) 耐热特性　电绝缘涂料要求有一定的耐热特性。绝缘涂料的耐热特性关系到电气设备运行的可靠性和电气设备制造的技术经济性。如果绝缘材料的热稳定性较差，那么在热老化过程中由于分子键的断裂或热降解，将会引起材料的失重，弹性模数的改变，抗张强度和伸长率的降低以及电气强度的下降。

(3) 干燥性　绝缘涂料主要是利用加热干燥进行固化的，因此烘焙时间的长短、温度的高低，对电机电容的生产能力和产品质量有很大影响，特别是电子元件工业生产联动线需要低温快干绝缘涂料与之配套。从防止污染出发，高固体、无溶剂涂料以及真空压力浸渍，紫外线固化新工艺成为绝缘涂料发展的必然趋势。此外，用于电枢线圈的浸渍涂料还必须具备优良的内层干燥性和黏结力，以保护绕组线圈足够的挂涂料量。

(4) 耐化学特性　深水电机的抗水性，油浸式变压器的耐油性，化工作业用电机的耐溶剂性等指标也是判断绝缘涂料性能的技术标准之一。为了延缓绝缘涂料在腐蚀环境中的老化过程，提高使用寿命，在选材时应十分注意上述性能的综合平衡。电机的吸潮和透湿是绝缘性能降低的主要因素，因此绝缘涂料必须提出防潮湿的要求，甚至提出防霉和防盐雾的要求。

(5) 机械特性　在电气设备装配施工中，绝缘材料肯定会受到机械力的作用，例如绕组线圈嵌线，安装槽楔、槽衬等工序，要求绝缘涂料具备一定的耐磨、耐刮性能。

(6) 相容性　在有两种或两种以上绝缘材料的绝缘结构中，材料之间会发生物理、化学或两者兼有的作用，因而影响材料的绝缘性能。

4. 电绝缘用合成树脂

绝缘涂料是一种黏稠的液体，除天然树脂、沥青、干性油和纤维素外，合成树脂已被广泛地使用在绝缘材料工业，特别是具有热稳定性的高聚物正在逐步采用，以适应电机电器制造技术的发展需要。

(1) 一般场合下使用的电绝缘树脂　一般场合是指绝缘等级在 E、B 级以下，电机温升限度在 100℃以下。可以适应这种要求的绝缘树脂有酚醛树脂、氨基树脂、脲醛树脂、环氧树脂、对苯二甲酸聚酯等。环氧树脂在大型高压电机的主绝缘和无溶剂、粉末树脂涂料中有着极为特殊的作用和贡献。环氧树脂除单独使用外可与酚醛树脂、氨基、聚酯、聚酰胺、有机硅树脂等改性，从而获得了很多理想的性能。

(2) 耐热高分子树脂　随着工业技术的发展，当代绝缘材料的特点是以耐热高分子树脂为基本成分，使绝缘结构允许在 180～200℃甚至更高的长期工作温度下进行而无显著的失重和电气强度降低，保持良好的弹性，耐潮，耐臭氧，耐电弧等性能。

有机硅树脂、聚酰亚胺树脂、聚酯亚胺树脂、聚二苯醚树脂、聚苯并咪唑树脂等芳香和芳杂环高分子化合物均用作 F、H 级或 H 级以上的绝缘树脂。

二、漆包线绝缘涂料

漆包线绝缘涂料的功效是使绕组中导线与导线之间产生一良好的绝缘层，以阻止电流的流通。这层绝缘层能在长时间受潮、受热，机械作用以及化学品浸蚀等情况下保持它原来的性能。

因此，漆包线的基本要求是应能满足耐热性、耐冲击性、软化击穿温度和耐油性能，还应具备较高的机械强度，耐氟利昂冷冻剂以及与浸渍涂料良好的相容性。

1. E、B 级漆包线漆

E、B 级漆包线涂料主要品种是缩醛、聚氨酯和聚酯三类，几乎占漆包线用量的 80%以上。这是因为这三种漆包线的综合性能较全面，能制备从少 0.01mm 到各种规格的大型扁线，用它来生产各种电气设备、电机、变压器及各种仪器仪表，能满足生产工艺和使用要求，特别是它的价格比较低廉。此外，油性涂料、醇酸涂料和环氧涂料在漆包线上亦有一定量的应用。一般用途漆包线的性能列于表 4-5。

表 4-5 一般用途漆包线的性能

品 种	耐热等级	特 点	用 途	缺 点
油基漆包线	A	价格低廉，耐潮性好	各种音频线圈，点火线圈	漆层机械强度和耐溶剂性差
聚乙烯醇缩醛漆包线	E	机械强度高，耐热冲击性和耐水解性好	一般用途电机，低压电机线圈，油浸式变压器线圈	耐极性溶剂性差
聚氨酯漆包线	E	漆膜具有自焊性，耐高频特性好，易于染色	通信设备同各种线圈，各种仪器仪表线圈	机械强度和耐芳烃溶剂性差
聚酯漆包线	B	耐热性和耐溶剂性好	一般用途耐热电机，携带用发电机，干式变压器线圈	耐热冲击性差，遇水易分解，不能在密闭系统中使用
环氧漆包线	E	具有优良的化学特性，耐湿热性好，耐冷冻剂	潜水电机，化工厂用电机，冷冻机电机，油浸式变压器线圈	缠绕性差，耐热冲击性比聚酯差

2. F、H 级漆包线涂料

F、H 级漆包线涂料的主要品种是聚酯亚胺、聚酰胺酰亚胺，以及聚酯-酰胺酰亚胺。这类产品在欧美国家发展较快，约占漆包线产量的 50%～70%。随着电机向小型化、轻量化发展，F、H 级漆包线的需要量还在继续增长。

3. 低污染漆包线涂料

溶剂型漆包线涂料中的有毒有机溶剂占 50%～60%，加上清洗漆槽容器等也要用有机溶剂，因此溶剂的总用量是很大的。尽管有的工厂已采用催化燃烧处理，但绝大部分仍在自然排放污染环境。近年来，由于控制大气污染法规越来越严格，加上能源危机，石油资源短缺，促使水溶性、无溶剂、高固体漆包线新品种的研究开发，如水溶性聚胺-酰亚胺玻璃丝包线涂料等。发展低污染漆包线，最终将解决有毒、有害溶剂在制造和涂线过程中对环境和人体的危害。

三、浸渍绝缘涂料

为了增加电机绕组或电器线圈的电绝缘性能和机械强度，改善导热性能，并使其具有良好的抗潮、抗酸碱、抗溶剂、防电晕、防霉菌性能，绕组线圈必须经过浸渍绝缘处理，然后在一定温度下固化成型。固化后涂料层的致密度、烘焙过程中涂料的流失、绕组的挂涂料量、涂料液的贮存稳定性都对电气设备的耐热性和电气性能产生重大的影响。

浸渍绝缘涂料的基本要求如下。

① 涂料液黏度低、渗透力强，能良好地渗入线圈匝间和绝缘体的微细孔内。

② 固化性好，并具有内外同时干固的一致性，使线圈具有一定的硬度，保证电机在高速旋转下绕组端部匝间不发生位移。

③ 对铜和线圈不起腐蚀作用。

④ 具有热弹性，在高速运转时不发生甩涂料现象。

⑤ 具有高的介电、耐潮、耐热、耐油和化学稳定性。

⑥ 与漆包线涂料有良好的相容性。

绕组线圈的烘烤固化是费时长，耗能大的工艺过程，为了节约能源，开展对浸渍涂料固化工艺过程的研究，发展低温快干、无溶剂、紫外线固化等新技术、新工艺是极需重视的问题。

1. E、B 级浸渍涂料

E、B 级浸渍涂料的主要品种是氨基醇酸树脂涂料、环氧酯树脂涂料和无溶剂环氧树脂涂料，在线圈浸渍中用量最大。

2. F、H 级浸渍涂料

无论是 F 级低压电机、牵引电机，还是高压电机、耐冷冻剂电机，随着电机设计容量和密度增大，一致倾向于更高的运行温度，与无相匹配的耐高温浸渍绝缘涂料已经得到开发研究和实际使用。例如用于 F 级浸渍的亚胺-环氧、亚胺-酚醛、聚酯-酚醛，用于 H 级浸渍的有机硅、二苯醚以及环氧改性不饱和聚酯-酰胺-酰亚胺。

四、黏合绝缘涂料

黏合绝缘涂料是电机主绝缘（即定子线圈的绝缘）和槽绝缘的重要材料，主要用来黏合云母、磁极线圈、薄膜、层压板等绝缘材料。对于黏合绝缘涂料的基本要求如下。

① 有高的电气绝缘强度及耐电压稳定性。

② 有良好的热稳定性。

③ 耐电晕的稳定性。

④ 高温下尺寸稳定。

⑤ 对云母、导体材料、补强材料有良好的黏结强度。

⑥ 电阻系数高，介质损耗低等。

目前常用的 B 级黏合涂料是以环氧树脂为基料的热固性树脂，近年来也出现改性的新型环氧树脂，此外还有聚酰亚胺、聚苯并咪唑等芳杂环耐高温黏合剂可用于耐温要求高的绝缘体系中。

各类黏合涂料的耐热温度大致为：

聚苯并咪唑	540℃	环氧酸酐、丁腈-酚醛	200℃
聚酰亚胺	480℃	环氧芳香族二胺、乙烯基酚醛	150℃
聚苯并咪唑-亚胺	370℃	环氧多胺、环氧脂肪族胺	120℃
有机硅及改性树脂	300℃	酚醛氯丁橡胶，环氧聚酰胺	80℃
环氧酚醛，线性环氧酚醛	260℃		

五、其他类绝缘涂料

电机电器绝缘涂料除漆包线涂料、浸渍涂料、黏合涂料等主要品种外，覆盖涂料、防晕涂料、硅钢片涂料以及电阻电容器涂料的应用也受到普遍重视。为了防止已浸渍绕组免受机械损伤、潮气侵蚀，必须涂覆覆盖绝缘涂料；为了防止大电机定子线圈的局部放电（电晕），必须在电机端部和绕组表面涂覆防晕涂料；为了提高电阻、电容、电位器等电讯元件的电性稳定、机械强度，要求电讯元件应耐温、绝缘、抗潮，要涂覆绝缘涂料。凡此种种都是为了保证电机电器具有足够的电气寿命和耐热寿命，延长使用期限，可参阅有关资料。

第四节 家用电器及自行车涂料

一、概述

家用电器种类繁多，按用途可分为冷冻器具、空调器具、清洁器具、厨房器具、取暖器具、熨烫器具和美容器具等。家用电器与自行车（包括缝纫机等）是轻工市场的主要产品。随着人民生活水平的日益提高，对轻工市场产品产量、品种和质量的要求与日俱增。同时，与之配套的涂料产量、品种和质量的要求也越来越高。

目前，家用电器与自行车用涂料有底涂料、二道底涂料、面涂料和清罩光等。底涂料为防锈涂料，抑制金属的锈蚀，包括溶剂型底涂料和水性电泳底涂料。其中面涂料又有无光、半光和高光泽之分，满足对涂料膜不同的附着力、冲击、弹性、硬度、耐磨性和三防性能（防湿热、防盐雾和防霉）等的物理性能的要求和特种用途的需要，并能得到优异的装饰性能。面涂料要适应流水线生产，通常采用烘烤型涂料，主要有溶剂型涂料和粉末涂料两类。粉末涂料主要是环氧聚酯型、聚酯型和丙烯酸型三类。溶剂型面涂料主要是氨基醇酸烘涂料（简称氨基涂料）、氨基聚酯烘涂料和丙烯酸氨基烘涂料等。其中以价廉物美的氨基涂料控制轻工市场用涂料量的70%～80%。

二、家用电器涂饰的要求

家用电器需要涂饰的部件主要是金属（冷轧钢板或铝合金材料）箱体外壳和零部件，以及塑料零部件两大类。

家用电器通常是大批量的流水线生产。家用电器对涂料和涂层的要求有以下四点。

1. 优异的装饰性能

要求涂层色泽鲜艳而柔和，光泽适中。表面要丰满、平滑，给人一种舒适的感觉。

2. 良好的耐蚀性能

要求涂层有足够的耐蚀性能，在产品有效寿命的范围内不至于出现起泡、生锈、剥落等弊病而影响外观装饰性，且能抵抗化学介质侵蚀。

3. 极好的施工性能

要求能适应静电喷涂或电泳涂装等流水线作业生产，并能适用于钢板、镀锌钢板、铝板等不同底材。

4. 具有特定的功能性

要求涂层具有一定的耐热性、耐磨性、无毒性、不粘性等。

按使用部件家电涂料分为金属表面用和塑料表面用涂料两类。本节主要介绍金属表面用涂料。

三、面漆

1. 氨基醇酸烘涂料

氨基醇酸烘涂料由氨基树脂、醇酸树脂、颜料、溶剂及助剂组成。氨基涂料具有良好的施工性能和涂料膜流平性，可以用手工或静电喷涂工艺进行涂装施工。

（1）氨基烘漆用氨基树脂　以一种具有氨基官能团的原料与醛类（主要是甲醛）经缩合反应制得的树脂称为氨基树脂。

涂料用氨基树脂主要是醇醚化的尿醛树脂、三聚氰胺甲醛树脂、苯代三聚氰胺树脂以及它们的共聚树脂。

单纯将氨基树脂加热固化所生成的涂料膜过分硬脆，附着力差，所以它一般不单独使用。而是与其他可以混溶，带有羟基官能团，加热后可相互交联的树脂（如醇酸树脂）混合制成各类氨基烘漆。氨基树脂在其中作为交联剂。

三聚氰胺树脂与醇酸树脂配合制成的氨基醇酸烘漆在硬度、光泽、丰满度、耐化学品、耐水性等方面都很突出；与聚酯树脂配合，可制得保光、保色性优良的高级白色或彩色烘漆。

（2）氨基烘漆用醇酸树脂　醇酸树脂在各类涂料中是综合性能很强的树脂品种之一，也是用于氨基烘漆中的主要树脂。根据不同改性的干性油、半干性油和不干性油的品种以及油改性的量（或油度），可以制成各种醇酸树脂。

氨基烘漆用醇酸树脂的油度，以短油度为宜，它赋于涂料膜以硬度、附着力和光泽。

氨基烘漆用醇酸树脂的改性油品种以半干性油和不干性油较为恰当，如豆油、椰子油、花生油、茶油、蓖麻油、脱水蓖麻油、十一烯酸或合成脂肪酸等均能制成各类氨基烘漆。白色漆和清漆以不干性油为主。干性油改性醇酸树脂不适宜生产氨基烘漆，因为它高温变色，使涂料膜泛黄，耐热性能差。

氨基烘漆中醇酸树脂所用多元醇以甘油较为普遍，除甘油外，三羟甲基丙烷和三羟甲基乙烷发展很快。三羟甲基丙烷含有三个伯羟基，反应速率比甘油快，黏度低，制得的涂料膜性能比甘油醇酸为好。特别是涂料膜硬度，耐水性和耐久性均有特出表现，特别适用于外用的自行车和汽车用涂料。

（3）氨基醇酸烘漆的种类　常用的氨基醇酸烘漆有光氨基醇酸烘漆、透明和清氨基醇酸烘漆、半光和无光氨基醇酸烘漆和二道底漆。

氨基涂料又可分成室内和室外使用两大类，主要是对颜料的合理使用，成膜物对室外耐久性亦有一定的影响。表面涂料用白色颜料以钛白粉为主；金红石型用于室外，锐钛型用于室内。传统的彩色颜料如铁蓝（华蓝）、孔雀蓝、铅铬黄、大红粉、甲苯胺红和色素炭黑等用于室内。高级或室外用氨基涂料的彩色颜料（自行车、缝纫机、电冰箱、洗衣机、轿车和卡车等以及国外已发展的预涂金属卷材涂料）应选用具有色彩鲜艳、耐晒性、耐酸碱性优良的有机或无机彩色颜料。

氨基涂料的品种已发展到采用不同的油种改性的醇酸树脂，如蓖麻油、脱水蓖麻油、椰子油、茶油、花生油、亚麻仁油和桐油等单独使用或混合改性的醇酸树脂；用丙烯酸酯或有机硅改性的醇酸树脂；配合以丁醇、甲醇或异丁醇醚化的三聚氰胺甲醛树脂，苯代三聚氰胺甲醛树脂、脲甲醛树脂或其共缩聚树脂等，来设计性能各异的新型氨基涂料。快干氨基烘漆、丙烯酸酯改性醇酸氨基烘漆和有机硅改性醇酸氨基烘漆等，对光泽、硬度、保光性、保色性、烘干时间等方面的性能均有不同程度的提高。

2. 氨基环氧烘漆

氨基醇酸烘漆的性能有很多不足之处。如不能满足要求较高的耐潮、耐盐雾等性能。而环氧树脂则具有良好的耐潮、耐盐雾、耐化学药品性能以及很好的附着力，可以和氨基树脂配合使用，生产性能较好的涂料。

但由于环氧树脂的耐候性较差以及烘干后的涂料膜易泛黄，因此也限制了其用途。如白色及颜色很浅的色漆和清漆，在要求一定大气曝晒性能的场合也不适用。

用环氧树脂和氨基树脂制造的烘漆有三种：一种是环氧酯氨基烘漆，一种是环氧树脂、醇酸树脂和氨基树脂三种配合使用的环氧氨基醇酸烘漆，一种是环氧树脂与氨基树脂两种树脂配成的烘漆。

3. 聚酯氨基烘漆

聚酯树脂可以与三聚氰胺甲醛树脂、苯代三聚氰胺甲醛树脂、六甲氧基甲基三聚氰胺树脂等交联固化成膜。

聚酯氨基烘漆较之植物油改性醇酸氨基烘漆不易氧化，分解和泛黄。涂料膜有更好的光泽、丰满度、不沾污和附着力强等物理机械性能。

由于家用电器和自行车等轻工产品要求涂料膜不但有良好的耐候性和保光、保色性等优良性能，还要求较高的装饰性，因此要求涂料膜光亮、丰满和干性快速。但需要解决大面积施工的流平性等特殊性能。聚酯氨基烘漆能满足这方面的要求，并已广泛使用于卡车、轿车、自行车、缝纫机、电冰箱和洗衣机等家用电器产品和轻工产品涂装。

近年来，国际市场对玩具用涂料提出无毒的特殊要求，规定油涂料、清漆及类似物质涂层不应含铅或任何铅化合物，对锑、砷、镉、汞等元素的含量比例也有一定要求，聚酯无毒玩具氨基烘漆是符合上述标准的。

聚酯环氧烘漆是一种新型聚酯型涂料。该涂料涂料膜具有硬度高、附着力好、高弹性、耐深冲、耐沸水消毒蒸煮等特点。聚酯环氧烘漆的涂料膜能达到玩具行业标准对膜的耐冲压要求，已广泛应用于玩具印铁、食品器旋盖、卷尺、高压潜水氧仓、鞋眼等金属表面涂覆之用。

四、聚四氟乙烯涂料

家电使用聚四氟乙烯涂料作耐热、不粘涂层。主要使用水乳型聚四氟乙烯涂料。

1. 无毒型聚氟涂料

无毒型聚四氟乙烯涂料组成由聚四氟乙烯树脂、聚苯硫醚树脂、表面活性剂、附着力增进剂、颜料、填料、蒸馏水组成。底漆为双组分涂料，面漆为单组分涂料。

2. 防锈型聚氟涂料

防锈型聚四氟乙烯涂料以聚四氟乙烯树脂为主要成膜材料，加入耐高温颜料、填料、防锈添加剂、蒸馏水等组成。底漆为双组分涂料，面漆为单组分涂料。

第五节 塑料用涂料

一、概述

近几年我国塑料工业迅速发展，国内应用较广泛的工程塑料有 ABS、PC、PA、POM，通用塑料有 PS、PC、PP、PVC 等，所生产的塑料制品种类也在日益增多。像家用电器中的电视机、录音机、计算机、灯具、电扇、洗衣机等；建筑用的天花板、地面、门窗、家具等；机械仪表用的各种零部件、壳体、箱体、仪表盘、方向盘等；玩具、卫生用具、餐具等，塑料在很大范围内代替了木材和钢铁。如何提高这些制品的外观和表面性能，使人们想到了塑料表面涂饰。塑料表面涂饰能够给产品增加附加价值，提高产品外观装饰性能，并且能够改变塑料制品理化性能。塑料表面涂饰首先是在家用电器上得到应用，例如为了提高电视机的价值，机壳表面涂饰是十分必要的。最早，人们在使用回收料和注射成型有缺欠的情况下进行表面涂饰，后来变成为了改善制品质感和赋予新的性能进行表面涂饰。目前，绝大多数塑料用涂料是用于家用电器的塑料上。近年人们对塑料用涂料的花色品种和特殊性能的涂料要求多了，涂料的品种由一般的色漆发展到各色闪光涂料、橘纹涂料、仿木纹用涂料等美术涂料。从性能上讲，要求有阻燃性、导电性、防紫外性、发光性等不同性能的涂料。由室内使用的装饰性涂料，发展到室外使用的防护性涂料，像汽车、摩托车上用的塑料用涂料。涂料的种类从溶剂型发展到水性。要求表面涂饰的塑料的品种由少数几种发展到几十种。我国塑料用涂料在 20 世纪 80 年代初才出现，但近年来产量直线上升。今后，随塑料工业发展，塑料用涂料从品种和数量上将有很大的发展。

二、塑料涂饰的目的和要求

1. 塑料涂饰的目的

① 改善塑料表面质感，通过涂饰造成金属感或木质感。

② 改变塑料表面颜色，多彩和鲜艳。

③ 遮盖塑料成型过程中的一些缺陷。

④ 改善提高塑料表面的光泽、硬度、抗划伤等性能。

⑤ 提高塑料的耐候性、耐溶剂性、耐药品性、耐光性等，或赋予阻燃、导电、抗静电等新功能。

2. 对涂料和涂层的要求

① 对塑料表面附着良好。

② 对塑料表面不能过分溶蚀。

③ 以自干型涂料为主，适应流水线涂装应用快干型涂料。

④ 涂层具有良好装饰性。

⑤ 室外用品的涂层要具有良好耐候性和防护性，室内用品的涂层要耐擦洗、耐洗涤剂和耐日用化学品的沾污。

⑥ 具备需要的物理机械性能。

⑦ 具备特殊需要的功能性性能。

三、需进行表面涂饰的塑料品种和适用的涂料

需要表面涂饰涂料的塑料品种和其适用的涂料参见表 4-6。

表 4-6　需要表面涂饰涂料的塑料品种和其适用的涂料

塑 料 品 种	适 用 涂 料
聚烯烃	
聚乙烯	环氧漆、丙烯酸酯涂料
聚丙烯	环氧漆、无规氯化聚丙烯涂料
聚苯乙烯及其共聚物	
聚苯乙烯	丙烯酸酯涂料、丙烯酸-硝基涂料、环氧漆、丙烯酸-过氯乙烯涂料
改性聚苯乙烯	环氧漆、醇酸-硝基漆、酸固化氨基-聚氨酯涂料
ABS 塑料	
聚氯乙烯	双组分聚氨酯漆、丙烯酸酯涂料
聚丙烯酸酯	丙烯酸酯涂料、有机硅涂料
聚酰胺塑料(尼龙)	丙烯酸酯涂料 、聚氨酯涂料
线型树脂	
聚碳酸酯(双酚 A 型)	双组分丙烯酸酯涂料与脂肪族聚氨酯涂料、有机硅涂料、氨基涂料
纤维素塑料	
硝酸纤维素	丙烯酸-醇酸涂料
醋酸纤维素	丙烯酸酯-聚氨酯涂料
醋酸丁酸纤维素	丙烯酸-醇酸
酚醛塑料	聚氨酯漆、环氧漆、丙烯酸-硝基漆、酸固化氨基涂料
氨基塑料	
环氧树脂	丙烯酸酯涂料
聚氨基甲酸酯塑料	
不饱和聚酯塑料	聚氨酯漆、环氧漆、丙烯酸酯涂料

四、塑料用涂料的选择

塑料的种类繁多、用途广泛，对涂料性能的要求也各不一样，产品的施工条件各不相

同，因此需要多种涂料来涂饰。用于金属、木材和其他领域的涂料都是可供选择应用于塑料表面的，但多数不是直接选来应用，而是要根据塑料的特点及应用环境进行必要的改进或重新设计，在选择和设计涂料配方时应注意如下几个方面。

(1) 根据被涂塑料的性质来选择涂料　用于塑料表面的涂料应对塑料有良好的附着力，且不能过分溶蚀塑料表面。这与涂料与塑料的搭配有关。塑料也是高分子材料，对于极性较强的、表面张力比较高的塑料如聚氯乙烯、ABS塑料，在选择涂料用树脂时应选择具有一定量极性基团如羧基、羟基、环氧基等的树脂，或在设计配方时保留一定量的极性基团。如丙烯酸树脂中引入一定量丙烯酸或甲基丙烯酸、丙烯腈单体共聚，这样有利于附着力提高。聚乙烯、聚丙烯非极性塑料应选择结构相似的树脂如氯化聚丙烯、石油树脂与环化橡胶的共聚物，这样可有利于提高附着力。

对于一些耐溶剂性很差的塑料如聚苯乙烯、AS塑料。在选择涂料设计配方时应密切注意涂料的溶解度参数，使之在保证附着力的情况下将溶剂选择在溶解区的近边缘处。如上述塑料可以选醇酸树脂涂料、聚氨酯改性油，或是以醇类为主的溶剂，这样可以溶解的丙烯酸酯涂料就不至于过分溶蚀塑料表面。对于那些非极性塑料和热固型塑料则不必担心溶剂溶蚀问题，涂料的选择范围是很宽的。

(2) 根据塑料制品对涂膜性能要求来选择涂料　塑料用涂料按性能分，可以分为内用、外用及特殊用途涂料。

对于户内使用涂料多注重装饰效果，对理化性能有一定要求但并不是很高，在这种情况下往往重视涂膜干燥速度、装饰效果、花色品种、价格等方面。如电视机外壳、钟表壳体、玩具、灯具等，在选择涂料时可以考虑醇酸涂料、丙烯酸涂料、丙烯酸硝基涂料等。

对于户外使用的塑料用涂料多重视防护效果。长期的户外使用要求保光、保色性好，要耐湿热、耐盐雾、耐紫外线、耐划伤等户外使用性能。如过街桥的塑料扶手、汽车外壳、摩托车部件、户外监测仪器壳体、安全帽、童车等，在选择涂料时应选择耐候性好的双组分脂肪族聚氨酯涂料、交联型丙烯酸涂料及低温固化氨基涂料。

此外一些特殊性能要求，如聚苯乙烯、有机玻璃透明度很好，但表面硬度不高，易划伤，则需要透明度好，硬度高的涂料来保护塑料表面。

又如塑料制品表面真空镀金属的底面涂料，塑料制品的防静电涂料、阻燃涂料、导电涂料，这些涂料除具有一般塑料用涂料性能要求外，还要设法具备上述的特殊性能。

(3) 参考施工工艺要求选择涂料。

(4) 参考制品的价值和涂料的价格选择涂料。

五、聚苯乙烯和高抗冲聚苯乙烯表面用涂料

聚苯乙烯（PS）是一种常见的塑料，耐溶剂性差，容易被涂料所溶蚀，热变形温度低。高抗冲聚苯乙烯（HIPS）对溶剂更敏感。

用于聚苯乙烯和高抗冲聚苯乙烯表面的涂料主要是热塑性丙烯酸涂料、异氰酸酯固化丙烯酸涂料和醋丁纤维素（塑料用）涂料。

六、ABS塑料用涂料

ABS塑料具有较高的溶解度参数，能溶于酮类、酯类和苯类溶剂，不溶于醇类和脂肪烃类。其表面使用的涂料多为热塑性丙烯酸涂料、丙烯酸改性硝基涂料和丙烯酸-聚氨酯涂料。

丙烯酸改性硝基涂料由热塑性丙烯酸树脂、硝酸纤维素、颜料酯、醚、芳烃混合溶剂、助剂等组成。丙烯酸-聚氨酯磁漆由多羟基丙烯酸树脂、耐候性优良的颜料、溶剂、助剂和缩二脲固化剂组成。

七、聚丙烯（PP）表面用涂料

聚丙烯结晶性高，极性小，与涂膜附着性差。

PP表面较适用的涂料是氯化聚烯烃涂料，包括未改性的和改性的两类，有底漆和面漆。

通常选用未改性的氯化聚烯烃涂料作为底漆，其组成为氯化聚丙烯用芳烃溶解的清漆。由丙烯酸单体、聚酯和改性聚烯烃共聚合成的树脂配制成彩色PP专用涂料改性氯化聚烯烃涂料。

八、特殊用途的塑料用涂料

有的涂饰不是满足一般装饰和保护，而是为一特殊性能或用途的需要。

1. 塑料真空镀金属用涂料

塑料虽然能部分代替金属，然而塑料缺乏金属的质感。在塑料表面镀金属的方法可以分为两大类，湿法和干法。湿法镀膜不需要涂料；干法镀金属需要涂料，在镀前涂底漆，镀后涂面漆。

涂料对干法镀膜起着重要作用。镀膜的好坏很大程度上取决于涂层的质量。对真空镀膜的底漆性能要求：对被涂塑料表面具有良好的附着强度；涂膜要平整、光亮、丰满；不溶蚀被涂塑料表面，且不被面漆所溶蚀。对真空镀膜的面漆性能要求：对底漆、铝膜附着力好；不溶蚀底涂料、不腐蚀铝膜；透明无色。

2. 防静电涂料

塑料具有电绝缘性，经摩擦后易产生静电，使塑料表面易于吸尘。消除办法一种是在制品成型时添加除静电剂，另一种方法可以使用防静电涂料。防静电涂料是用防静电剂和组成涂料的单体聚合而得的，这样的涂料具有耐久的防静电性能。

3. 辐射固化涂料

辐射固化涂料主要包括紫外线固化、电子束固化和可见光固化涂料三大类。真空紫外线固化涂料已在我国推广使用。

辐射固化涂料的粘接剂有不饱和聚酯、丙烯酸化聚氨酯等。它以苯乙烯、丙烯酸类单体，*N*-乙烯基吡咯烷酮或其他乙烯类单体为活性稀释剂，多官能团的丙烯酸酯为交联剂。

此涂料用于醋丁纤维素、醋丙纤维素、醋酸纤维素、聚碳酸酯、聚苯乙烯、聚甲基丙烯酸甲酯、丙烯酸酯类单体和苯乙烯的共聚物等材料做的透镜，以及聚乙烯、聚丙烯-聚氯乙烯、聚苯二甲酸乙二醇酯、聚酰胺（尼龙）等软质塑料制品。

第六节　建筑涂料

一、概述

建筑物的装饰和保护有许多途径，但采用涂料装饰和保护是建筑工程中广为使用的方法。建筑用涂料是涂料中的一个重要种类，在各国涂料总产量中占有相当高的比例。

1. 建筑涂料的特点

建筑涂料涂装于建筑物表面，并能与建筑物表面材料很好地黏结，形成完整的涂膜(层)，这层涂膜能够为建筑物表面起到装饰作用、保护作用或特种功能作用。建筑涂料用作建筑物的装饰材料，与其他涂层材料或贴面材料相比，具有简便、经济、基本上不增加建筑物自重，施工效率高，翻新维修方便等优点，涂膜色彩丰富、装饰质感好，并能提供多种功能。

2. 建筑涂料的分类

我国建筑涂料目前还没有统一的分类方法，习惯上常采用三种方法分类，即按组成涂料的基料的类别划分，按涂料成膜后的厚度和质地划分以及按在建筑物上的使用部位划分。

(1) 按基料的类别分类　建筑涂料可以分为有机、无机和有机-无机复合三大类。

有机类建筑涂料由于其使用的分散介质不同，又分为有机溶剂型和有机水性（包括乳液型和水溶型）涂料两类。还可以按所用基料种类再行分类。

无机建筑涂料主要是无机高分子涂料，属于水性涂料，包括水溶性硅酸盐系（即碱金属硅酸盐)、硅溶胶系、磷酸盐系、有机硅及无机聚合物系。应用最多的是碱金属硅酸盐系和硅溶胶系无机涂料。

有机-无机复合建筑涂料主要是水性有机树脂与水溶性硅酸盐等配制成混合液或分散液（物理拼混）；或是在无机物的表面上使用有机聚合物接枝制成悬浮液的水性涂料。

(2) 按涂膜的厚度和质地分类　建筑涂料可以分为表面平整光滑的平面涂料和有特殊装饰质感的非平面类涂料。平面涂料又分平光（无光）涂料、半光涂料和有光涂料等。非平面类涂料的涂膜常常具有很特性化的装饰效果，有彩砂涂料、复层涂料、多彩花纹涂料、云彩涂料、仿墙纸涂料、纤维质感涂料和绒面涂料等。

(3) 按照在建筑物上的使用部位分类　建筑涂料可以分成外墙涂料、内墙涂料、地面涂料、顶棚涂料等。建筑涂料中用量较大的是外墙和内墙涂料。建筑涂料的主要类型列于表 4-7。

二、外墙涂料

1. 外墙涂料的性能要求

现代建筑的外墙大部分采用钢筋混凝土、水泥预制件或砖石等建筑材料所构筑，外墙涂料所面临的绝大多数底材的主要成分是水泥。水泥是一种含钙的硅酸盐化合物，在加水固化过程中，较长时间内有残留的水分和碱性物质的存在，经过较长时间的暴露，其所含水分才会逐渐蒸发，钙类碱性物质才会与空气中的二氧化碳反应变成中性。这对涂料发挥其装饰和保护作用是十分有害的。因此，在选择外墙涂料时应根据墙面施工后时间的长短，考虑其耐水、耐碱等性能。由于外墙涂料长年累月处于风吹日晒雨淋之中，因此必须具有良好的耐候性和耐沾污性。此外，根据建筑物所处的地理位置和施工季节，对外墙涂料还有不同的性能要求。如在炎热多雨的南方，外墙涂料不仅要有好的耐候、耐水性，而且应有好的防霉性，否则霉菌繁殖会使涂料很快失去装饰效果；在严寒的北方对水性涂料的耐冻融性有很高的要求；雨季施工应选择干燥迅速并有较好初期耐水性的涂料；冬季施工则要求乳胶类涂料有足够低的最低成膜温度等。

表 4-7　建筑涂料的主要类型

按基料分类				按在建筑物使用部位分类					按涂膜厚度、质地分类			
										非平面涂料		
				内墙装饰	外墙装饰	地面装饰	顶棚装饰	特种装饰	平面涂料	砂壁涂料	多彩(色)涂料	凹凸花纹涂料
有机涂料	水性	水溶性	聚乙烯醇	○			○	○	○			○
		乳液型	乙烯系乳液	○			○		○			
			纯丙烯酸酯乳液	○	○		○		○	○	○	○
			苯乙烯-丙烯酸酯乳液	○	○			○	○	○		○
			环氧系乳液		○				○			○
			氯偏系乳液	○	○	○		○	○			
	溶剂型		酚醛系			○			○			
			醇酸系	○	○				○			
			硝酸纤维素					○	○		○	
			过氯乙烯系	○	○	○			○			
			氯磺化聚乙烯系					○	○			
			丙烯酸树脂系	○	○				○			
			环氧树脂系			○			○			
			聚氨酯系	○	○				○			
			有机硅系		○				○			
			有机氟系		○				○			
			氯化橡胶系		○				○			
无机涂料	水性		碱金属硅酸盐	○	○			○	○			
			硅溶胶	○	○			○	○			
			重磷酸盐金属盐		○			○	○			○
有机-无机复合涂料	水性		碱金属硅酸盐-合成树脂乳液	○	○				○			
			硅溶胶-合成树脂乳液型	○	○	○			○			○

2．外墙涂料的品种

外墙涂料的品种较多，大致可分为水性乳胶涂料、溶剂型涂料和无机高分子涂料三类。

3．无机外墙建筑涂料

无机高分子建筑涂料主要有碱金属硅酸盐类涂料和硅溶胶涂料两种。它是以碱金属硅酸盐和硅溶胶为主要成膜物质，再加入适量的有机合成树脂乳液，并选用能满足耐候性能要求的颜、填料和适当的助剂制成，主要用于建筑物外墙面。

该类涂料资源丰富，价廉，涂料生产工艺简单，易于涂装，施工时无污染。常温蒸发失水干燥成膜且干燥迅速。涂膜耐光、耐候性好，与基层的附着力优良，在外墙面长期使用耐老化、不掉粉、不脱落。但这类涂料的流平性不好，涂膜质脆易裂。

这类涂料采用刷涂、喷涂和辊涂方法涂装，在墙面上形成薄质平面涂层。

4．溶剂型外墙涂料

溶剂型外墙涂料以合成树脂为基料，以有机溶剂为分散介质制成，主要应用于建筑物外墙面，也可以用于户外建筑构件，如栏杆、挂板等的涂装。一般采用喷涂和刷涂方法涂装。

溶剂型外墙涂料的特点为：

① 施工方便，常温甚至较低温度（如0℃）也能干燥；

② 涂膜与外墙表面附着良好；

③ 涂膜装饰效果良好，外观长期不变；

④ 涂膜致密，有优良的机械性能，弹性与底材适应，经受外力冲击，表面耐污染；

⑤ 阻隔水、气等物质侵蚀，涂膜耐水性，抗雨、雪性能良好；

⑥ 涂膜耐候性良好，保光、保色，抵抗日照风吹，使用寿命长；

⑦ 涂膜具有良好的耐温度变化性能，抗寒、耐热。

但也应注意的是，该类涂料使用大量溶剂，消耗资源；溶剂挥发到大气中，污染环境，在施工中以及施工后的短时期内，溶剂（特别是有毒溶剂）对人的健康有危害；施工时底材必须彻底干透。

常用的溶剂型外墙涂料有5种类型：丙烯酸酯类、氯化橡胶类、聚氨酯类、有机硅树脂类和有机氟树脂类。

5. 水性乳胶涂料

该类涂料由合成树脂乳液、颜料、填料、助剂和水组成，以合成树脂乳液为成膜材料。这类涂料分为用于建筑物外墙面涂装的合成树脂乳液外墙涂料和建筑物内墙面、顶棚等涂装的合成树脂乳液内墙涂料两大类。

(1) 特点　水性乳胶涂料有如下优点。

① 在常温下靠分散介质（水）的蒸发和乳液粒子聚结干燥成膜。表干快，一天内可以施工2～3道，施工工期短。

② 施工方便，刷涂与辊涂结合施工最适宜，施工时无有毒气体产生，不燃烧，使用安全，污染环境小。

③ 涂膜为热塑性，有透气性。不会起泡，特别适合于未干透的新墙面使用。

④ 涂膜质感丰满，从无光到半光，装饰性优于无机涂料。

⑤ 涂膜能满足内、外墙面保护性能的要求。

内墙涂料有良好的耐水性、耐洗刷性，有良好的耐洗涤剂和耐碱性。外墙涂料耐日光和紫外线，长期保光、保色，有优良的耐候性；不易粉化，不易起裂纹，耐雨、雪侵蚀，有良好的耐水性。

水性乳胶涂料有如下缺点。

① 施工表干虽快，但达到实干需要几天，干燥过程长，发黏，易污染。

② 施工环境温度不能低于其最低成膜温度（一般5～15℃），为适应低温施工，涂膜性能将受影响。

③ 涂料流平性、装饰性不如溶剂型涂料，涂膜易产生刷痕，外观不够细腻，存在大量微孔，易吸尘。

④ 涂膜受环境温度影响，遇高温回粘，易为灰尘附着而沾污，难于清洗（特别是降低了最低成膜温度的品种）。不能得到像溶剂型涂料的强有光涂膜。

(2) 类型　该类涂料分为丙烯酸酯系和乙烯树脂乳液系。丙烯酸酯系涂料可分为纯丙烯酸酯类、苯乙烯-丙烯酸酯类和乙酸乙烯-丙烯酸酯类。乙烯树脂乳液系涂料可分为聚乙酸乙烯类、乙酸乙烯-叔碳酸乙烯酯类和VAE类。

三、内墙涂料

1. 内墙涂料的性能要求

建筑物内墙除了有木质底才之外，构成墙面最主要的材料是石灰、水泥和石膏。与外墙中的情况相同，内墙表面根据干燥程度的不同，也存在含水量和碱性的问题。因此，内墙涂料也面临抗水性和耐碱性的要求。从原则上来说，外墙涂料也能在内墙使用，但内墙涂料却不宜用外墙。实际上内墙涂料有与外墙涂料所不同的性能要求。除了对底材的要求较为近似之外，外墙涂料强调有足够好的耐候性、耐沾污性和抗水性以及远距离的装饰性；但内墙涂料则要求颜色柔和平整，即近距离观察的装饰性，还要求有良好的耐洗刷性、抗刻划性和硬度等。

2. 内墙涂料的品种

有合成树脂乳液内墙涂料、水溶性内墙涂料、无机内墙涂料和溶剂型涂料等几种类型。

3. 水溶性内墙涂料

该类涂料以水溶性树脂为主要成膜物质，加入一定量的颜料、填料和助剂制成，主要用于建筑物的内墙及顶棚涂装。目前，国内所用的水溶性内墙涂料成膜物质只有聚乙烯醇一种，所以常称为聚乙烯醇内墙涂料。

水溶性内墙涂料造价低廉，易于涂装，常温蒸发失水干燥成膜，具有良好的流平性和耐干擦性，适当的附着力、遮盖力和耐水性，不耐洗刷，能够满足一般内墙涂料的使用要求。

四、功能性建筑涂料

1. 防蚊蝇涂料

防蚊蝇涂料又称为杀虫涂料，是一种功能性建筑涂料。除具有一般建筑涂料的装饰和保护等功能外，还能够杀灭苍蝇、蚊子、蟑螂、跳蚤、臭虫和蜘蛛等害虫，应用于住宅、医院、宾馆、办公楼、公共厕所、仓库、车船、食品厂、饭店和剧院等许多场合。防蚊蝇涂料的杀虫机理是接触杀虫，所含杀虫药剂通过阻碍或干扰害虫的正常发育而使其死亡。通常使用二氯苯醚菊酯等拟除虫菊酯类杀虫剂。防蚊蝇涂料为水乳液型涂料，对环境基本无影响。

2. 防霉涂料

防霉涂料是一种能够抑制涂膜中霉菌生长的功能性建筑涂料。污染建筑物墙面，特别是一些食品加工厂、酿造厂、制药厂等车间与库房墙面的霉菌主要有黄曲霉、黑曲霉、木霉、米曲霉、扩展青霉、芽枝霉等20多种。在带有霉菌的环境中生产出来的食品很有可能受到霉菌的侵蚀，而威胁人们的健康，因此在这些场所必须使用防霉涂料。

3. 保温隔热涂料

由基料、助剂、天然硅酸盐纤维或其他矿物保温材料和适量颗粒状轻质填料制得的，具有保温隔热作用的稠厚状涂料称为保温隔热涂料。保温隔热涂料涂成一定厚度的涂膜并干燥后，干涂膜的密度很小，涂膜由大量的封闭孔隙组成，热导率小，有良好的隔热效果。这类涂料主用于建筑物内墙的涂装，以提高墙体的热阻，改善室内的温度环境或减少空调能耗。

4. 防尘污涂料

防尘污涂料是指根据涂料自动分层的原理，用有机硅改性丙烯酸酯树脂而制得的自动分层涂料。在这种涂料中，丙烯酸树脂分散颜料、填料，使涂料能够很好地在基层上铺展并沾附于基层上；附着在涂膜表面的有机硅膜层，有优异的抗老化性能。这类防尘涂料主要用于建筑物外墙的涂装。它既克服了丙烯酸酯树脂高温回黏易受尘污的不足，也解决了有机硅树脂表面能低，使涂料难于在基材上铺展而形成不均匀涂膜的问题。

【阅读材料】

专用涂料这一术语意思是在工厂外面应用的一种工业涂料。根据1996年的统计，它们占美国涂料装运总体积的17%和总价值的22%。虽然它的体积总量是各种涂料中最小的，但它单位体积的价格是最高的。虽然没有单独的利润数字，但它的操作利润可能也是最高的。它包括许多不同的最终用途。

思考题

1. 什么是腐蚀？金属腐蚀如何分类？
2. 防腐蚀涂层的作用、要求和特点是什么？
3. 环氧防腐蚀涂料的组成和特点是什么？
4. 聚氨酯防腐蚀涂料的组成和特点是什么？
5. 船舶各部位对涂层的要求是什么？船舶涂料都有哪些种？
6. 绝缘涂料怎样分类？各种绝缘涂料的作用如何？
7. 对家用电器用涂料的要求是什么？常用的面漆有哪些种？特点是什么？
8. 对塑料用涂料和涂层的要求是什么？如何选择塑料用涂料？
9. 建筑涂料的特点是什么？建筑涂料如何分类？

第五章　涂料的施工和检测

第一节　涂料的施工

【学习目标】 了解涂料施工前底材表面处理、涂料的涂布方法、涂膜的干燥过程及施工过程。掌握涂料的检测指标和检测方法。了解涂膜的测试指标和测试方法。

一、概论

所谓涂料施工，也称涂装，是指使涂料在被涂物体表面形成所需要的涂膜的过程。

在涂料行业有句俗语，叫“三分涂料，七分施工”，意思是涂料与涂料施工是分不开的，并且涂料施工重要程度远远大于涂料本身，因为涂料虽然作为商品在市场流通，但它只是涂膜的半成品，涂料只有通过涂装过程，形成了涂膜，才算是最终产物，才能发挥其装饰、保护或特殊功能等作用，具备使用价值。

涂料施工通常至少包含以下 3 个过程：

① 被涂物件（底材）的处理，也称漆前表面处理；

② 涂料的涂布，也称涂饰、涂漆或涂装；

③ 涂膜干燥，或称涂膜固化。

无论对何种物体进行涂装，都包括这三个过程。对于有特殊要求的被涂物体，有时增加一些其他工序，如汽车车身表面涂装，在涂膜干燥后，有时增加涂膜的修整和保养，涂保护蜡等工序。

对于涂料研发、服务人员，虽然不直接从事涂料施工，但必须了解掌握和研究涂料施工技术。要把涂装工艺的研究作为研制一种涂料新品工作的一个重要的有机组成部分，在确定生产工艺的同时也确定它的最佳涂装工艺，用以指导使用人员进行施工。若为已定型的涂装工序、方法和设备研制涂料新品种时，更需要涂料研发人员深入了解和掌握该涂装工艺的技术参数，这样才能研制出适用的涂料产品，满足消费者的要求。

一般来说，选择、研究涂料产品或确定施工工艺时，应从以下几方面考虑被涂对象的情况。

① 被涂物的自身状况，如物件的种类、性质、形状、大小尺寸等。

② 被涂面的状态，如粗糙程度、腐蚀状态。

③ 被涂物的生产状况，如物件生产方式、过程、批量、周期等。

④ 被涂物的使用条件，如物件的使用目的、年限、方式，使用过程中所处的环境状况（室内还是室外、动态还是静态、地上或地下、水中等），使用过程接触的外界因素（温度、湿度、光源、水分、电流、化学药品等），使用过程物件自身产生的外力情况（如振动、生热、冲击、风压等）。

⑤ 被涂物的涂饰要求，如使用涂料的目的、作用，涂膜的性能、等级、使用年限、更新的要求等。

⑥ 被涂物的涂装环境，如涂装的场所及条件（室内或室外，高空或地下，生产线条

件等)，环境温度、湿度、光照情况等。

被涂物的要求条件是确定涂膜的基础，也是选定涂料品种和施工工艺的基础。

与其他工业技术一样，涂料施工也是以提高效率、节约能源、减少污染、增加效益为目标，不断发展。开始是手工操作，其后是简单的机械化、单机操作，现代化的涂装作业则是自动化连续的流水线操作，采用机械手和电子技术控制等，达到工程化阶段。

二、底材的处理

在涂漆前对各类材料或制品（统称底材）进行的一切准备工作，如清除各类污物、整平及覆盖某类化学转化膜等，称为底材处理，也称作漆前处理。

通过各种处理，可以增强涂层对底材的覆盖力，充分发挥涂料对底材的装饰作用和保护能力。

底材处理是涂料施工的第一道工序，往往也是最费工时的工序。由于它对整个涂层的质量影响最大，如表 5-1 所示，因而了解不同底材的处理方法十分重要。

表 5-1　涂层质量的影响因素和所占比率

序号	影响因素	所占比率/%	序号	影响因素	所占比率/%
1	底材处理的质量	49.0	4	环境条件	7.0
2	涂装方法和技术	20.0	5	同类品种质量的差异	5.0
3	涂层层次和厚度	19.0			

1. 木材的处理

(1) 木材的特征　木材是一种因不同树种、不同生长环境而有不同结构组成的天然高分子化合物，是一类结构不均匀的多孔性材料，具有吸水膨胀、失水收缩的湿涨干缩性，并且弦向和径向湿涨干缩性不均匀。

构成木材基本骨架的木纤维具有在阳光下容易泛黄，与化学药品接触易被污染，又易被微生物侵蚀、变色的特点。

随着树种的不同和生长环境的差异，不同树种中含有不同的树脂分和单宁等的色素沉着。像针叶树的油松、马尾松等的木孔中含有较多的松香、松节油，并且在节疤和受伤部位所含的这类树脂会更多。而栗木、黄橙、紫檀等一类树木的细胞腔中就含有较多的单宁和色素等物质。

(2) 木材表面的常见缺陷　树木在其生长过程中往往会受到外界的影响，诸如割裂、碰伤等而在其表面上留下疤痕。同时在采伐、运输和加工成材的各个生产环节中也会留下许多不可避免的创伤。这样，木材表面往往会出现一些表面缺陷，主要如下几类。

① 节疤　节疤多见于树木生长的枝丫的断面以及生长过程中受过伤的部分。

② 裂纹　温度、湿度变化引起木材的湿涨干缩是造成木材的表面出现裂纹的主要原因。

③ 色斑　色斑是木材受到变色菌、霉菌或化学品侵蚀而使木材局部产生颜色改变的一种表面形态。

④ 刨痕　刨痕是刨刀进行过程中用力不均匀或碰到木材节疤等部位时，在木材表面上留下刨刀运行时跳动的痕迹。刨痕多见于原木表面。

⑤ 波纹　也称丝路，是在旋切制薄皮或单板时由于旋切刀片不锋利而留在木材施切表面上的一种不平整痕迹。多见于由单层薄板组合而成的三合板或多层胶合板的表面。

⑥ 砂痕　是在进行打磨时由于选择的砂纸过粗以及打磨时不按着木纹方向砂磨而留在木材表面上的砂纸途径的痕迹。

(3) 木材漆前常用处理方法

① 干燥　新木材含有很多水分，在潮湿空气中木材也会吸收水分，所以在施工前要放在通风良好的地方自然晾干或进入烘房低温烘干。晾干或烘干时需经常翻转木材，使水分从木材周围均匀散发。烘干时还要控制干燥速度，否则常会引起木材变形或开裂。根据树种情况，含水量一般控制在8%～14%，这样能防止涂层发生开裂、起泡、回粘等弊病。

② 刨平及打磨　用机械或手工进行刨平，然后开始打磨。首先将两块新的砂纸的表面互相摩擦，以除去偶然存在的粗砂粒，然后进行打磨。人工打磨时可在一块软木板或在木板上粘上软的绒布、橡胶、泡沫塑料之类的材料，再裹上砂纸进行打磨，这样打磨易均匀一致。打磨后用抹布擦净木屑等杂质。砂磨的基本要领是选用合适的砂纸、顺木纹方向有序进行。

③ 去木脂　某些木材内含有木脂、木浆等物质，温度升高时会不断渗出，影响漆膜的干燥性和附着力，并会使涂层表面出现花斑、浮色等缺点，因此必须除去。除去木脂的方法有：a. 先用60℃左右热肥皂水或表面活性剂溶液洗涤，再用清水洗涤、干燥；b. 用5%～6%的碳酸钠水溶液或4%～5%的氢氧化钠水溶液加热到60℃左右涂在待处理处，使木脂皂化，然后再用热水清洗、干燥；c. 用有机溶剂如二甲苯、丙酮等擦拭，使木脂溶解，然后用干布擦拭干净。

④ 去木毛　木材表面即使经过打磨，仍然存在很多木毛。去除木毛可用火燎，也可用温水或稀虫胶液润湿木材表面，再用棉布逆着纤维纹路擦拭，使木纹竖起，干燥变硬后用细砂纸摩掉。

⑤ 漂白　漂白可选用具有氧化还原作用的化学物质，如双氧水的氨水溶液、漂白粉、草酸、过锰酸钾溶液等。也可通过燃烧硫黄的方法进行。漂白后必须用清水清洗，若清洗不彻底漆膜易产生黄变现象，尤其是聚氨酯涂料或乳胶漆。

⑥ 防霉　为了避免木材长时间受潮而出现霉变，可在涂装前先涂防霉剂溶液，待干透后再行涂装。

⑦ 填孔　用虫胶清漆、油性凡立水、硝基清漆等树脂液与老粉（碳酸钙）、滑石粉或者氧化铁红、氧化铁黄、氧化铁黑等颜料、填料拌和成稠厚的填孔料。使用填孔脚刀逐个的将填孔料嵌填于木材表面的裂缝、钉眼、虫眼等凹陷部位，对缝隙较大、较深的孔、眼有时还需要做多次填孔，使孔、眼填充结实，以防因虚填而在日后出现新的凹陷或脱落。待填孔料干透后用砂纸磨平。

透明涂饰时调制填孔剂的颜色是关键，应基本接近被涂木材颜色，太深或太浅在涂饰后会出现深浅不一的斑点。

⑧ 着色（染色）　其目的是更明显地突出木材表面的美丽花纹或使木材表面获得统一的颜色，有时是为了仿造各种贵重木材的颜色如榛木、桃花心木、梨木等。根据不同的目的，着色可分为木纹着色和基层着色。

木纹着色的关键在于突出木材的纹理，使木纹的颜色有别于材面的整体颜色。木纹着色又称做润老粉，有水老粉和油老粉两种。由氧化铁红、氧化铁黄、氧化铁黑或炭黑等具有着色力、遮盖力的着色颜料，配以碳酸钙之类的体质颜料（填料）配合成所需的颜色，用水调配成黏稠浆料的称水老粉；用油性树脂加稀释剂调配成黏稠浆料的称油老粉。

基层着色与木纹着色的根本区别在于基层着色是对整个表面着色，而木纹着色只对木孔眼子着色。因此，木材表面一般先进行木纹着色再进行基层着色。基层着色还可改变木材表面的颜色，从而达到仿真效果，如将一般的柳安材经仿红木的基层着色处理，可获得红木效果。

用于基层着色的透明的有机染料，也有水色和油性色两种配制方法。水色着色剂用开水与黄钠粉、墨水等调配而成；或用碱性、酸性、分散性等有机染料加入水、骨胶等制成。油性着色剂是使用透明性强，在有机溶剂中能溶解的油溶性染料或醇溶性染料调配成高浓度染料液，然后再加到稀释过的树脂液中。

2. 水泥砂浆类底材的处理

水泥是最基本的无机建筑材料，可以单独使用，也可与黄砂、石料等混合使用。常见类型有：水泥砂浆；混合砂浆；混凝土预制或现浇板等。从表面粗糙度看，有粗拉毛面，细拉毛面和光滑面（水泥砂浆压光面）。

对于水泥砂浆类底材，处理的内容主要包括：清理基层表面的浮浆、灰尘、油污，减轻或清除表面缺陷（如裂缝、孔洞），改善基层的物理或化学性能（如含水率、pH值），以达到坚固、平整、干燥、中性、清洁等基本要求。

(1) 强度　底材强度过低会影响涂料的附着性。通常用目测、敲打、刻划等方式检查，合格的基层应当不掉粉、不起砂、无空鼓、无起层、无开裂和剥离现象。

(2) 平整度　底材不平整主要影响涂料最终的装饰效果。平整度差的底材还增加了填补修整的工作量和材料消耗。平整度的检查有四个项目：表面平整、阴阳角垂直、立面垂直和阴阳角方正。表面平整用2m直尺和楔形塞尺检查，中级抹灰允许偏差4mm，高级抹灰允许偏差2mm。阴阳角垂直用200mm方尺检查，中级抹灰允许偏差4mm，高级抹灰允许偏差2mm。立面垂直用2m托线板和尺检查，中级抹灰允许偏差5mm，高级抹灰允许偏差3mm。

(3) 干燥度　湿气来自于拌和水泥时所加入的水，当水泥干燥时，多余的水分会往水泥表面迁移，然后挥发。这时水泥中水溶性的碱性物质被带到表面。因此，若水泥砂浆类底材湿度大，不仅会影响涂料的干燥，而且会引起泛碱、变色、起泡等漆病。适合水性涂料施工的含水率应低于10%，溶剂型涂料含水率一般低于8%（也有高湿度下使用的涂料品种）。通常对水泥砂浆基层而言，在通风良好的情况下，夏季14天、冬季28天含水率可达到要求。气温低、湿度大、通风差的场所，干燥时间要相应延长，含水率可用砂浆表面水分仪准确测定，也可以用薄膜覆盖法粗略地判断。方法是：将塑料薄膜剪成300mm见方的片，傍晚时覆盖于底材表面，并用胶带将四周密闭，注意使薄膜有一定的松弛度，次日午后观察薄膜内表面有无明显结露，以确定含水率是否过高。

(4) 酸碱度　新水泥具有很强的碱性，强碱易使涂料中的成膜物皂化分解，使耐碱性低的颜料分解变色，从而造成涂层的粉化、起壳、变色等质量问题。随着水泥中碱性物与空气中的二氧化碳不断地反应，水泥砂浆底材会趋于中性化。一般pH应小于9，若急需在碱性较大的底材上施工可采用15%～20%硫酸锌，或可用氯化锌溶液或氨基磺酸溶液涂刷数次，待干后除去析出的粉末和浮粒。也可用5%～10%稀盐酸溶液喷淋，再用清水洗涤干燥。此外也可用耐碱的底漆进行封闭。

(5) 清洁程度　清洁的底材表面有利于涂料的黏结。用铲刀或钢丝刷除去浮浆、尘土等杂质，脱模剂等油污用洗涤剂溶液洗去，再用清水洗净。

(6) 其他　大多数的抹灰及混凝土基层在干燥过程中都会失水收缩，留下许多毛细孔，这些毛细孔在潮湿环境就会吸收水分。一定数量的毛细孔对漆膜的附着力有好处，但太多则会出现跟湿气有关的毛病及容易藏着藻类和菌类。

有时底材会出现“爆灰”等异常情况，这是因为在砂浆中有一些没有消耗的生石灰颗粒，遇水后变成熟石灰，体积膨胀并将底材表面顶开。爆灰的过程持续时间较长，往往在涂料施工中和施工之后还会进一步发展，影响涂层外观。

对于旧水泥底材，可用钢丝刷打磨去除浮灰，若有较深的裂缝、孔洞或凹凸不平之处，可用腻子或水泥砂浆填平，然后进行涂装。若有藻类或菌类生长，可先铲除，再用稀的氟硅酸镁或漂白粉水溶液或专用防霉防藻剂溶液洗刷几遍，然后用清水清洗并干燥。

3. 黑色金属的表面处理

钢铁制品在加工、贮运及使用等过程中常会有锈蚀、焊渣、油污、机械污物以及旧漆膜等。根据不同情况，表面处理有多种方法，属于表面净化的有除油、除锈、除旧漆；属于化学处理的有磷化、钝化处理，可分段处理，也可联合处理。

(1) 除油　金属表面的油污来源主要有两种：一种是在贮存过程中涂上的暂时性的防护油膏，另一种是生产过程中碰到的润滑油、切削油、拉延油、抛光膏。这些油脂可分为两类：一类是能皂化的动植油脂，如蓖麻油、牛油、羊油等，另一类是不能皂化的矿物油如凡士林等。

除油可以用溶剂清洗、碱液清洗、乳化清洗、超声波除油等方法单独或联合进行。

① 溶剂清洗　选择清洗溶剂的原则是：溶解力强、毒性小、不易燃、成本低。常用的溶剂有200号石油溶剂油、松节油、三氯乙烯、四氯化碳、二氯甲烷、三氯乙烷等。其中含氯溶剂较常使用。

② 碱性清洗　用碱或碱式盐的溶液，采用浸渍、压力喷射等方法，也可除去钢铁制品上的油污。

浸渍法较简单，但应注意，当槽液使用一段时间后，槽液表面会有油污，当工件从槽液中取出时，油污会重新沾到工件上，因此，需要用活性炭或硅藻土吸附处理掉液面上的油污。

压力喷射法可使用低浓度的碱液，适合于流水线操作。

碱液清洗有很多配方，表5-2为其中之一。

表 5-2　碱液配方举例

配方举例	使用方法		配方举例	使用方法	
	浸渍法	压力喷射法		浸渍法	压力喷射法
溶液组成/(g/L)			Na_2SiO_3	3～5	
NaOH	80	4	使用温度/℃	90～95	75～80
Na_2CO_3	45	8	时间/min	2～5	2～4
Na_3PO_4	30	3			

③ 乳化清洗　以表面活性剂为基础，辅助以碱性物质和其他助剂配制而成的乳化清洗液，商品名多称为金属清洗剂。它除油效率高，不易着火和中毒，是目前涂装前除油的较好方法，且特别适用于非定型产品和部件。

(2) 除锈　钢铁在一般大气环境下，主要发生电化学腐蚀，腐蚀产物铁锈是FeO、$Fe(OH)_3$、Fe_3O_4、Fe_2O_3 等氧化物的疏松混合物。在高温环境下，则产生高温氧化化学腐蚀，腐蚀产物氧化皮由内层FeO、中层 Fe_3O_4 和外层 Fe_2O_3 构成。

ISO 8501 将钢结构锈蚀等级分为 4 类：

锈蚀等级	锈 蚀 程 度
A	金属覆盖着氧化皮，几乎没有铁锈的钢材表面
B	已发生锈蚀，部分氧化皮已脱落的钢材表面
C	氧化皮已因腐蚀而剥落，或可以刮除，并且有少量点蚀的钢材表面
D	氧化皮已因腐蚀而全部剥离，并且已经普遍发生点蚀的钢材表面

除锈的方法主要有以下几种。

① 手工打磨除锈　用钢丝刷、砂纸等工具手工操作可除去松动的氧化皮、疏松的铁锈及其他污物。这是最简单的除锈方法，适合于小量作业和局部表面除锈。

② 机械除锈　借助于机械冲击与摩擦作用，可以用来清除氧化皮、锈层、旧涂层及焊渣等。其特点是操作简单，效率比手工除锈高。

③ 喷射除锈　利用机械离心力、压缩空气和高压水流等，将磨料钢丸、砂石推（吸）进喷枪，从喷嘴喷出，撞击工件表面使锈层、旧漆膜、型砂和焊渣等杂质脱落，它的工作效率高，除锈彻底。喷射除锈又可分为喷砂和抛丸（喷射钢丸）两类。

喷砂除锈系统由压缩空气、喷砂设备、铁砂回收和通风除尘等组成。喷砂设备则有压力式、吸入式和自流式三种类型。

压力式是砂料和压缩空气在混合室内混合，在压缩空气的压力作用下，经软管送到直射型喷枪并高速喷出。该设备复杂，但生产效率高，适合于大、中、小型工件除锈。

吸入式是利用压缩空气高速通过时产生的负压，将砂料吸入送至引射型喷枪并高速喷出。该设备较简单，但效率低，压缩空气消耗量大，多用于小工件的除锈。

自流式采用固定喷枪，砂料靠重力自由落入喷枪并喷出，适合于自动化除锈作业。

喷砂除锈应特别注意砂粒尺寸及施工压力的选择。表 5-3 为不同工件适用的砂粒尺寸和空气压力。

表 5-3　不同工件适用的砂粒尺寸和空气压力

工 件 类 型	空气压力/MPa	砂粒尺寸/mm
锻件、铸件、厚 3mm 以上钢板冲压件	0.2～0.4	2.5～3.5
厚 3mm 以下的钢板冲压件	0.1～0.2	1.0～2.0
薄板件和小件	0.05～0.15	0.5～1.0
有色金属铸件	0.1～0.15	0.5～1.0
1mm 厚以下板件	0.03～0.05	0.05～0.15

在喷砂除锈过程中，会产生大量粉尘，作业环境差。为此，可采用真空喷砂除锈系统或湿喷砂方法。

真空喷砂除锈系统是利用真空吸回喷出的砂粒和粉尘，经分离、过滤除去粉尘，砂粒循环使用。整个过程在密封条件下进行，大大改善作业环境。

湿喷砂法即在喷砂时加水或水洗液，以避免粉尘飞扬，同时又有清洗除锈作用。

抛丸除锈是靠叶轮在高速转动时的离心力，将钢丸沿叶片以一定的扇形高速抛出，撞击制件表面使锈层脱落。抛丸除锈还能使钢件表面被强化，提高耐疲劳性能和抗应力腐蚀性能。但该法设备复杂，方向变换不理想，应用范围有一定的限制。

不同的涂层类型依其性能对除锈的要求不同，国标 GB 8923—88 规定了钢材表面除锈的质量等级。表 5-4 摘录了其中的等级分类。

表 5-4 GB 8923—88 钢材表面除锈质量等级

等级符号	除锈方式	除锈质量
Sa1	轻度的喷抛射除锈	钢材表面应无可见的油污,没有附着不牢的氧化皮、铁锈和油漆涂层等附着物
Sa2	彻底地喷射或抛射除锈	钢材表面应无可见的油污,并且氧化皮、铁锈和油漆涂层等附着物基本清除,残余的附着物应牢固附着
Sa2.5	非常彻底的喷或抛射除锈	钢材表面应无可见的油污、氧化皮、铁锈和油漆涂层等于附着物,仅残留点状或条状轻微色斑的可能痕迹
Sa3	使钢材表面洁净的抛射除锈	钢材表面应无可见的油污、铁锈、氧化皮和油漆涂层等附着物,表面应显示均匀的金属色泽
St2	彻底的手工和动力工具除锈	钢材表面应无可见的油污,无附着不牢的氧化皮、铁锈和油漆涂层等附着物
St3	非常备彻底的手工和动力工具除锈	钢材表面应无可见的油污和附着不牢的氧化皮、铁锈及油漆层,除锈比 St2 更彻底,部分表面显露出金属光泽
F1	火焰除锈	钢材表面应无氧化皮、铁锈和油漆涂层等附着物,任何残留的痕迹应仅为表面变色

④ 化学除锈　化学除锈是以酸溶液使物件表面锈层发生化学变化并溶解在酸溶液中从而除去锈层的一种方法。由于主要使用盐酸、硫酸、硝酸、磷酸及其他有机酸和氢氟酸的复合酸液，此法通常称为酸洗。

盐酸除锈时，主要发生以下反应

$$Fe_2O_3+2HCl \longrightarrow 2FeO+Cl_2+H_2O$$

$$Fe_3O_4+2HCl \longrightarrow 3FeO+Cl_2+H_2O$$

$$FeO+2HCl \longrightarrow FeCl_2+H_2O$$

盐酸是挥发性酸，在浓度＜10%时，挥发不明显，浓度＞20%时，挥发性明显增强，因此盐酸浓度一般在 5%～20%。用盐酸洗的主要特点有：a. 对锈溶解力强，溶解速度快，处理进间短；b. 成本低；c. 材料不易发生过腐蚀，氢脆作用小，所以应用较为广泛。

硫酸常温下除锈能力较弱，必须升至中温才能对铁锈产生较强的直接溶解作用，但同时也易产生金属过腐蚀，产生氢气，造成材料的氢脆。另一方面，氢气又有辅助除锈作用，氢气泡逸出时产生的爆破力可以促使氧化皮破裂和脱落。

硫酸是非挥发性酸，酸雾小，成本低，当需除重锈和氧化皮时，最适合使用。由于高浓度硫酸有氧化钝化作用，因此硫酸的适宜浓度是 20%～40%。

硝酸盐的溶解度很大，对于某些盐酸不能溶解的锈蚀物，一般均可用硝酸除去。但硝酸具有挥发性，在酸洗时散发出大量有害氮氧化物气体，因而必须注意劳动保护。

磷酸是中强酸，磷酸盐的溶解度较低，因而除锈能力较弱。但在酸洗过程中可形成一层磷酸盐转化膜，具有缓蚀性，因此可将磷酸与盐酸或硫酸复合使用，提高物件表面的光洁度和抗返锈性。

其他种类的酸很少单独使用，主要是与上述的酸复配使用以增强除锈能力。如铝和锌金属的表面钝化膜，可加氢氟酸辅助。

(3) 磷化　用铁、锰、镁、镉的正磷酸盐处理金属表面，在表面上生成一层不溶性磷酸盐保护膜的过程叫金属的磷化处理。磷化膜可提高金属制品抗腐蚀性和绝缘性，并能作为涂料的良好底层处理剂。

磷化液由磷酸、碱金属或重金属的磷酸二氢盐及氧化性促进剂组成。按其组成有磷酸铁系、磷酸锌系、磷酸锌钙系和磷酸锰系等。不管使用何种磷酸液，整个磷化过程都包含以下反应。

① 基体金属的溶解反应　磷化液的 pH 一般在 2～5.5 之间，呈酸性。当金属与酸溶液接触时，会发生由局部阳极和局部阴极反应组成的金属溶解过程。

局部阳极：　$Me \longrightarrow Me^{2+} + 2e$

局部阴极：　$2H^{+} + 2e \longrightarrow H_2 \uparrow$

金属溶解反应：　$Me + 2H_3PO_4 \longrightarrow Me(H_2PO_4)_2 + H_2$

② 成膜反应　由于 H^{+} 被还原消耗，酸度下降，使第一阶段形成的可溶性二价金属磷酸二氢盐离解成溶解度较小的磷酸一氢盐：

$$Me(H_2PO_4)_2 \longrightarrow MeHPO_4 + H_3PO_4$$

当 pH 值上升到一定程度，则迅速离解成不溶性二价金属磷酸盐：

$$3Me(H_2PO_4)_2 \longrightarrow Me_3(PO_4)_2 + 4H_3PO_4$$

$$3MeHPO_4 \longrightarrow Me_3(PO_4)_2 + H_3PO_4$$

难溶的二价金属磷酸盐在金属表面沉积析出，形成磷化膜。用于成膜反应的可溶性二价金属磷酸二氢盐可以是金属溶解生成的，也可以是溶液中原有的配方组成。

③ 氧化促进剂的去极化反应　金属溶解时产生的氢气易吸附于局部阴极的金属表面，阻碍生成的二价金属磷酸盐在阴极区域的沉积，不能形成磷化膜，反而从溶液中沉淀析出形成渣，既浪费成膜原料，又产生大量废渣，同时使磷化膜的孔隙率增大，影响膜的性能。

氧化剂的去极化作用是将还原形成的初生态氢氧化生成水：

$$2[H] + [O] \longrightarrow H_2O$$

磷化处理后得到的磷化膜，按单位面积的质量可分为以下几个等级。

次轻量级：膜重 0.2～1.0g/m² 轻量级：膜重 1.1～4.5g/m²

次重量级：膜重 4.6～7.5g/m² 重量级：膜重 7.5g/m² 以上

按磷化液的使用温度，磷化处理通常分为高温 90～98℃、中温 50～70℃、低温 30～50℃和室温（一般不低于 20 度℃）磷化四种。

高温磷化处理温度高，磷化膜较厚，属于重量级，多用于锰系溶液磷化；中温磷化膜厚为轻量级，锌系、锌钙系采用较多；低温磷化膜薄，锌系、锌钙系和铁系都可以采用，但需添加多种氧化剂；室温磷化不需加热、节约能源、劳动环境好、原材料消耗少、槽液较稳定。

磷化处理的发展总趋势是，低膜重、低温、低渣、晶粒细化、高耐蚀性和良好的与涂料配套性。

磷化处理的施工方法有浸渍法、喷淋法和刷涂法，以浸渍法应用最普通。

(4) 钝化　钝化处理是一种采用化学方法使基体金属表面产生一层结构致密的钝性薄膜，防止金属清洗后的氧化腐蚀，增加表面的涂装活性，提高底金属与涂层间附着力的表面处理方法。一般钝化处理很少单独使用，常与磷化处理配套使用。

常用无机钝化剂很多，其中重铬酸钾、亚硝酸钠和铬（酰）酐的性能比较见表 5-5。

表 5-5 几种钝化剂的性能比较

催化剂	浓度/%	温度/℃	时间/min	干燥方式	大气防锈性能	物理机械性能	涂膜耐蚀性能	钝化要求
重铬酸钾	0.3	95	1	烘干	×	○	△×	严格
亚硝酸钠	0.3	95	1	烘干	△	×△	×	严格
铬(酸)酐	0.3	95	1	烘干	○	△	○	不很严格

注：○—优良；△—及格；×—不及格。

(5) 化学综合处理　在同一槽内综合进行除油、除锈、磷化、钝化等处理，称为化学综合处理。这种化学转换处理的工艺，可以简化工序，减少设备和作业面积，提高劳动效率，降低产品成本，改善劳动条件，便于实现自动化生产。

化学综合处理工艺过程举例如下。

① 综合处理液配方

组成	磷酸	硝酸锌	氯化镁	氧化锌	酸式磷酸锰	酒石酸	钼酸铵	重铬酸钾	601 净洗剂
用量/(g/L)	110	150	3	25	10	5	1	0.2～0.3	30ml/L

② 综合处理工艺操作规程　按配方量在槽中先注入磷酸，将氧化锌用自来水或蒸馏水调成很稀的糊状，徐徐加入磷酸中，由于有放热反应，不能加得太快，直至氧化锌完全溶解。然后加入硝酸锌、氯化镁等稀释至总体积的 2/3，充分搅拌，直到全部溶解。

钼酸铵先单独溶解好，再加入槽中。最后加入 601 净洗剂。稀释至总体积，重铬酸钾在配料时不加，待溶液使用 3～4 天后再加入，并补加钼酸铵 0.5g/L。

配好后的槽液在室温下，放入 $1m^2/L$ 以上的铁皮，浸渍 1～2 天，溶液变成深棕色。检验 Fe^{2+} 含量，直到浓度在 5g/L 以上时才能使用。

③ 综合处理工艺操作条件

总酸度　(160～220) 点

游离酸度　(17～25) 点

游离酸度∶总酸度＝1∶(7～10)

Fe^{2+}　＞5g/L

Zn^{2+}　≥40g/L

温度　55～60℃

处理时间　5～15min

④ 补充液　根据槽液情况，必须适当补充处理剂。注意，每天补充磷酸、氧化锌、硝酸锌；每周补充酸式磷酸盐；每半月补充氯化镁、钼酸铵、重铬酸钾、601 净洗剂，以满足工艺操作条件。

化学综合处理工艺，最适合用于小件器材。

4. 有色金属的表面处理

金属成分中不含铁和铁基合金的金属叫有色金属。常用的有铝、铜、锌、镁、铅、铬、镉等及其合金和镀层。

在一般环境中，因有色金属的氧化物比钢铁的氧化物有强得多的附着力和抗渗透能力，所以不需涂装保护层，但当其处于高湿、高盐、酸雾、碱性等腐蚀环境中，或因装饰需要时，也需进行涂装。

(1) 铝及其合金的表面处理　铝是一种比较活泼的金属，银白色，具有光泽。纯铝机械强度低，通常加入镁、铜、锌等制成合金。具有质量轻、强度大的特点，因此被广泛使用。常见品种如表 5-6。

表 5-6　铝及铝合金常见品种

品　种	主　要　牌　号	型材及用途
纯铝	L_1、L_2、L_3、L_4、L_5、L_6	棒、板、丝，作一般冲压件用
防锈铝合金	LF_1、LF_2、LF_3、LF_5、LF_7、LF_{21}	板、管，作各种零件用
硬铝	LY_1、LY_2、LY_6、LY_{10}、LY_{12}、LY_{16}	板、棒、丝、管，作型材锻件
过硬铝	LC_4、LC_9	板、棒、管、作型材
锻铝	LD_2、LD_5、LD_7、LD_{10}	棒或各种锻件

纯铝防锈性能好，铝合金强度好，但防锈性能下降，铝及其合金表面光滑，不利于涂层附着。此外，在贮存、加工过程中，会有油污和灰尘。因此必须进行表面处理。

① 清除油、锈及污物　除油的方法与黑色金属的除油方法一样，但铝的耐碱性差，因此不能用强碱清洗，一般用有机溶剂除油、乳化除油或用由磷酸钠、硅酸钠配制成的弱碱性清洗液。

除去表面锈蚀和污物时，不能用硬物刮擦。可以用细砂纸或研磨膏轻轻打磨表面，以免损伤原有的氧化膜。

② 表面转化处理　对于新的铝及其合金表面，较好的防锈方法是氧化处理。一般有化学氧化法（酸性、碱性、磷酸-铬酸盐）和电化学氧化法。几种方法的基本工艺条件如下。

a. 铬酸盐氧化法（酸性处理法）溶液由铬（酸）酐 3.5～6g/L、重铬酸钠 3～3.5g/L、氟化钠（NaF）0.8g/L 配制。pH＝1.5，温度 25～30℃下使用，氧化时间一般在3～6min，膜层外观因合金成分和氧化时间不同而异。此法生成的氧化膜较薄，主要用于电器、日用品制造业。

b. 碱性溶液氧化法　用无水碳酸钠 50g/L、铬酸钠 15g/L、氢氧化钠 2～2.5g/L 配成槽液，在 80～100℃温度下氧化 15～20min，氧化后再用 20g/L 铬酐水溶液钝化处理 5～15s，以稳定所得的氧化膜，并可进一步提高防锈能力，此氧化膜呈金黄色。碱溶液氧化法处理的物体应在 24h 内涂漆。

c. 磷酸盐-铬酸盐氧化法　用磷酸 50～60ml/L、铬酐 20～25g/L、氟化氢铵 3～3.5g/L、磷酸氢二铵 2～2.5g/L，硼酸 1～1.2g/L 配成槽液，温度 30～36℃，处理时间 3～6min，所得氧化膜外观为无色到带彩虹的浅蓝色，与基体铝合金结合牢固，此碱溶液处理所得膜致密、耐磨。

d. 化学氧化法　生产效率高，成本低。电化学氧化法又叫阳极化法，即以铝合金工件为电解槽的阳极，通电后槽液电解。使工艺表面生成厚约 5～20μm 的氧化膜，它由内外两层组成，具有多孔性、吸附能力强、与基材金属结合牢固、耐热、不导电、有很好的化学稳定性，故在工业上广泛应用。阳极氧化法的电解液主要有三种：15％～20％的硫酸电解液；3％～10％的铬酸电解液；2％～10％草酸电解液。

阳极氧化法主要采用直流电，也可采用交流电硫酸阳极氧化。

(2) 铜及其合金的表面处理　铜合金的氧化和钝化可以有效保持铜的本色，并且有较好的防腐性能。方法与铝合金相似，得到的氧化膜一般为黑色、蓝黑色，厚度为 0.5～2μm。配方及工艺条件举例列于表 5-7。

表 5-7 铜及其合金氧化配方及工艺条件

氧化方法	配方及工艺条件		
	原材料及工艺条件	配方 1	配方 2
化学氧化	过硫酸钾($K_2S_2O_8$)/(g/L)	10～20	
	氢氧化钠(NaOH)/(g/L)	45～50	
	碱式碳酸铜[$CuCO_3 \cdot Cu(OH)_2$]/(g/L)		40～50
	25%氨水($NH_3 \cdot H_2O$)/(g/L)		200
	温度/℃	60～65	15～40
	时间/min	5～10	5～15
	适用范围	纯铜	黄铜
电化学氧化	氢氧化钠(NaOH)/(g/L)	100～250	
	温度/℃	80～90	
	时间/min	20～30	
	阳极度电流密度/(A/dm^2)	0.6～1.5	
	阴极材料	不锈钢	
	阴阳极面积比	(5～8)：1	

（3）锌及其合金的表面处理　锌及其合金在工业上的应用主要是各种镀锌板和锌铝合金，其表面平滑，涂膜附着不牢固。而且锌是活泼金属，易与涂料中的一些基料发生反应生成锌皂，破坏锌面与涂层的结合力。

锌及其合金的表面处理除了进行清除油、锈及污物外，还需进行化学转化处理，主要采用磷化处理。

（4）镁及其合金的表面处理　镁合金质量轻，比强度和比刚度高，是重要的航空材料之一。在潮湿和沿海地方，镁合金的腐蚀速率比铝合金快得多，因此除了去氧化皮、清除油、锈及污物，化学转化处理外，还需进行封闭处理，即采用柔软、耐久、耐水的树脂进行浸渍。封闭处理工艺举例如下。

① 处理液采用环氧酚醛树脂液。

② 将镁合金预热到（100～110)℃，保持 10min，除微孔中的水分。

③ 冷却至 60℃±10℃，浸入树脂液中，充分浸润后提出，保持 15～30min，除去多余的树脂液，放入 130℃±5℃烘箱烘烤 15min。

④ 冷却至 60℃±10℃，再浸入树脂液中，反复进行三次封闭操作，但总于膜厚度需控制在≤25μm。

5. 塑料的表面处理

（1）塑料的特性　塑料极性小、结晶度高、表面光滑及润湿性差，其表面张力小于 100mN/cm，不及金属 1/5，是低表面能表面。与金属材料相比，塑料具有质量轻，易加工成型，耐水性能好、不腐蚀等优点，但其耐热性差，易变形，比强度小，热膨胀系数高，易带静电和沾染灰尘，热塑性塑料的耐溶剂性能差。

（2）塑料的表面处理的目的和作用

① 消除表面静电，除去表面灰尘　通过溶剂擦洗，高压空气吹干等方法，创造一个清洁的塑料表面。

② 清除脱膜剂　用溶剂、碱水清洗，消除塑料成型过程中添加的各种脱膜剂，以免对涂膜附着力造成危害。

③ 修理缺陷　通过打磨、涂底漆等方法，去除毛刺、针孔、裂缝等表面缺陷。

④ 表面改性　增大附着面积或使表面产生有利于涂膜附着的化学物质或化学键。

(3) 塑料表面的处理方法

① 一般处理

a. 退火　将塑件加热至稍低于热变形温度保持一段时间，消除残余的内应力。

b. 脱脂　根据污垢性质及批量大小，可分别采用砂纸打磨、溶剂擦洗及清洗液洗涤等措施。塑料件在热压成型时，往往采用硬脂酸及其锌盐、硅油等作脱膜剂，这类污垢很难被洗掉，通常采用耐水砂纸打磨除去，大批量生产时，则借助超声波用清洗液洗涤。一般性污垢，小批量时，可用溶剂擦洗，但必须注意塑料的耐溶剂性。对溶剂敏感的塑料，像聚苯乙烯、ABS，可采用乙醇、己烷等快挥发的低碳醇和低碳烃配成的溶剂擦洗；对溶剂不敏感的塑料，可用苯类或溶剂油清洗。大批量塑料件脱脂可采用中性或弱碱性清洗液。

c. 除尘　在空气喷枪口设置电极高压电晕放电产生离子化压缩空气，能方便有效地清除聚集的静电，减少灰尘的吸附。

② 化学处理　主要是铬酸氧化，使塑料表面产生极性基团，提高表面润湿性，并使表面蚀刻成可控制的多孔性结构，从而提高涂膜附着力。

a. 铬酸氧化　主要用于PE、PP材料，处理液配方为4.4%的重铬酸钾、88.5%的硫酸、7.1%的水。70℃×(5～10)min。PS、ABS用稀的铬酸溶液处理。

聚烯烃类塑料可用$KMnO_4$、铬酸二环己酯作氧化剂，Na_2SO_4、$ClSO_3H$作磺化剂进行化学处理。

b. 磷酸水解　尼龙用40%H_3PO_4溶液处理，酰胺键水解断裂，使表面被腐蚀粗化。

c. 氨解　含酯键塑料，像双酚A聚碳酸酯，经表面胺化处理而粗化。而氟树脂则应采用超强碱钠氨处理，降低表面氟含量，提高其润湿性。

d. 偶联剂处理　在塑料表面有—OH、—CO_2H、—NH_2等活泼氢基团时，可用有机硅或钛偶联剂与涂膜中的活泼氢基团以共价键的方式连接，从而大大提高涂膜附着力。

e. 气体处理　氟塑料用锂蒸气处理形成氟化锂，使表面活性化；聚烯烃用臭氧处理使表面氧化生成极性基团。

③ 物理化学处理

a. 紫外线辐照　塑料表面经紫外线照射会产生极性基团，但辐照过度，塑料表面降解严重，涂膜附着力而下降。

b. 等离子体处理　在高真空条件下电晕放电，高温强化处理，原子和分子会失去电子被电离成离子或自由基。由于正负电荷相等，故称之为等离子体。也可在空气中常温常压下，进行火花放电法等离子处理。

c. 火焰处理　塑料背面用水冷却，正面经受约1000℃的瞬间（约1s）火焰处理，产生高温氧化。

6. 橡胶的表面处理

橡胶一般分为天然橡胶和合成橡胶。天然橡胶是从橡树树皮中采集的天然乳胶提炼而成的，合成橡胶是由各种单体聚合而成的。按结构类型分，橡胶主要品种见表5-8。

表5-8 橡胶的种类

主要结构	橡胶种类
聚异戊二烯类	天然橡胶
聚烯烃类	丁苯橡胶、丁二烯橡胶、异戊橡胶、乙丙橡胶、丁基橡胶
乙烯基类	氯丁橡胶、丙烯酸酯橡胶、丁腈橡胶、氯化聚乙烯橡胶、氯磺化聚乙烯橡胶
特种橡胶	聚氨酯橡胶、硅橡胶、氟橡胶、聚硫橡胶、氯醚橡胶
液体橡胶	液体氯化丁橡胶、端烃基聚丁二烯液体橡胶
热塑性弹性体	热塑性乙丙橡胶、SBS类苯乙烯热塑性弹性体、聚酯类弹性体

橡胶种类虽多，但都是非结晶型的高分子弹性体材料，因此具有以下共性。

a. 表面张力小　橡胶属非极性材料，表面能低，尤其是聚烯烃类橡胶、硅橡胶、氟橡胶，其表面张力约为20mN/cm，是难附着材料。

b. 易溶胀或溶解　橡胶遇大多数有机溶剂或油类，均有溶胀或溶解现象。

c. 弹性模量大　作为弹性体，橡胶受到外力后将产生形变，如压缩变形、拉伸变形，从而产生相应的应力。

d. 电阻大　一般体积电阻率$>10^{13}\Omega\cdot cm$，具有很强的起静电性（用炭黑补强的橡胶制品除外）。

根据以上物性，橡胶的表面处理方法主要有机械打磨法、溶剂处理法、氧化法、偶联剂处理法和等离子处理法。操作方法与塑料的表面处理相似。

7. 玻璃的表面处理

玻璃制品在涂装前，首先应清除各种污迹，可用丙酮或去污粉清除。由于玻璃表面一般很光滑，涂料难以附着，因此需将玻璃表面打毛。方法有以下两种。

a. 人工、机械打磨法　将研磨剂涂于玻璃表面，然后反复打磨。

b. 化学腐蚀法　用氢氟酸轻度腐蚀玻璃表面，直至有一定的表面粗糙度，然后用大量水清洗。

8. 纤维的表面处理

皮革、纸张及其他具有纤维构的材料需要涂装时，也需进行除油脂、污物等的表面处理。

三、涂料的涂布方法

将涂料均匀地分布在被涂物上的方法称为涂料的涂布方法，涂布方法有多种多样，但大致可分为以下三种类型。

a. 手工工具涂布　如刷涂、擦涂、滚涂、刮涂等方法。

b. 机动工具涂布　如喷枪喷涂。

c. 机械设备涂布　如浸涂、淋涂、抽涂、自动喷涂、电泳涂漆等，这类方法发展最快，已从机械化逐步发展到自动化、连续化、专业化，有的方法已与漆前底材处理和干燥前后工序连接起来，形成专业的涂装工程流水线。

各种涂布方法各有其优缺点，应视具体情况来选择，以达到最佳的涂装效果。考虑的情况主要有：

a. 被涂物面的材料性能、大小和形状；

b. 涂料品种及其特性；

c. 对涂装的质量要求；

d. 施工环境、设备、工具等；

e. 涂布的效率、经济价值等。

1. 刷涂法

刷涂是人工利用刷漆蘸取涂料对物件表面进行涂装的方法，是一种古老而最为普遍和常用的涂布方法。此种方法的优点是：节省涂料、施工简便、工具简单、易于掌握、灵活性强、适用范围广。可用于除了初干过快的挥发性涂料（硝基漆、过氯乙烯漆、热塑性丙烯酸漆等）外的各种涂料，可涂装任何形状的物件，特别对于某些边角、沟槽等狭小区域。此外，刷涂法涂漆还能帮助涂料渗透到物件的细孔和缝隙中，增加了漆膜的覆盖力。而且，施工时不产生漆雾和飞溅，对涂料的浪费少。刷涂法的缺点在于：手工操作、劳动强度大、生产效率低，流平性差的涂料易于留下刷痕，影响装饰性。

刷涂使用的工具为漆刷，根据不同的涂布物件，可选择不同尺寸、不同形状的漆刷。漆刷可用猪鬃、羊毛、狼毫、人发、棕丝、人造合成纤维等制成。通常猪鬃刷较硬，羊毛刷较软。常见漆刷的种类如图 5-1 所示。

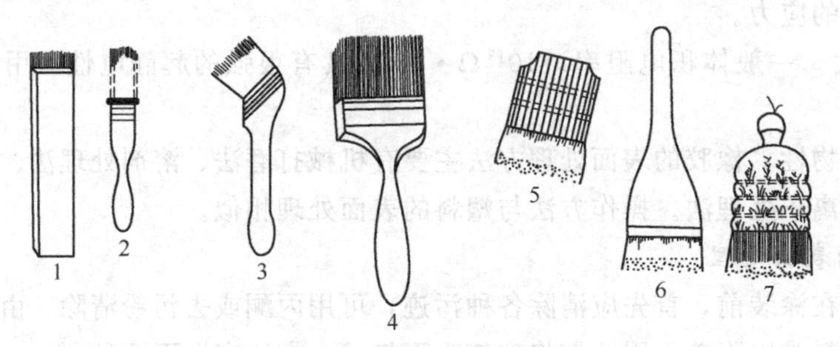

图 5-1　漆刷的种类

1—漆刷（漆大漆为主）；2—圆刷；3—歪脖刷；4—长毛漆刷；
5—排笔；6—底纹笔；7—棕刷

刷涂质量的好坏，主要与操作者的实际经验和熟练程度有关。一般来说，刷涂操作时应注意以下几方面。

a. 涂料的黏度通常调节在（20～50)s（涂-4 黏度杯）。

b. 蘸取涂料时刷毛浸入涂料的部分不应超过毛长的一半，并要在容器内壁轻轻抹一下，以除去多余的涂料。

c. 刷漆时应自上而下，从左至右，先里后外，先斜后直，先难后易进行操作。

d. 毛刷与被涂表面的角度应保持在 45°～60°。

e. 若底材有纹理（如木纹），涂刷时应顺着纹理方向进行。

2. 滚涂法

滚涂是用滚筒蘸取涂料在工件表面滚动涂布的涂装方法。滚涂适用于平面物件的涂装，如房屋建筑、船舶等。施工效率比刷涂高，涂料浪费少，不形成漆雾，对环境的污染较小，特别是可在滚筒后部连接长杆，在施工时可进行长距离的作业，减少了一部分搭建脚手架的麻烦。但对于结构复杂和凹凸不平的表面，滚涂则不适合。滚涂的漆膜表面不平整，有一定的纹理，因此若需花纹图案，可选择滚花辊。

滚筒由滚子和滚套组成，滚套表面粘有羊毛或合成纤维等，按毛的长度有短、中、长三种规格。短毛吸附的涂料少，产生的纹理也细、浅，可滚涂光滑物面。中、长毛吸附的涂料多，可用于普通物面和粗糙物面。滚筒的结构如图 5-2 所示。

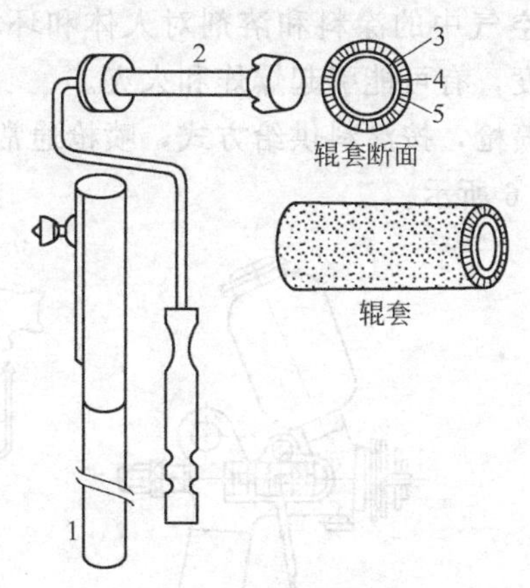

图 5-2 滚筒的结构

1—长柄；2—滚子；3—芯材；4—黏着层；5—毛头

滚涂时，一般先将滚筒按 M 形轻轻地滚动布料，然后再将涂料滚均匀，最初用力要轻，速度要慢，以防涂料溢出流落，随着涂料量的减少，逐渐加力、加快。最后一道涂装时，滚筒应按一定方向滚动，以免纹理方向不一。

除手工滚涂外，在工业上还可利用辊涂机作机械滚涂涂漆。

辊涂机由一组数量不等的辊子组成，托辊一般用钢铁制成，涂漆辊子则通常为橡胶的，相邻两个辊子的旋转方向相反，通过调整两辊间的间隙可控制漆膜的厚度。辊涂机又分为一面涂漆与两面涂漆两种结构。

机械滚涂法适合于连续自动生产，生产效率极高。由于能使用较高黏度的涂料，漆膜较厚，不但节省了稀释剂，而且漆膜的厚度能够控制，材料利用率高，漆膜质量好。

机械滚涂广泛用于平板或带状的平面底材的涂装，如金属板、胶合板、硬纸板、装饰石膏板、皮革、塑料薄膜等平整物面的涂饰，有时与印刷并用。现在发展的预涂卷材（有机涂层钢板、彩色钢板）的生产工艺大部分采用的就是滚涂涂装法，使预涂卷材的生产线与钢板轧制线连接起来，形成一条包括卷材引入、前处理、涂漆、干燥和引出成卷（或切成单张）的流水作业线，连续完成了涂装的三个基本工序。机械滚涂示意图如图 5-3。

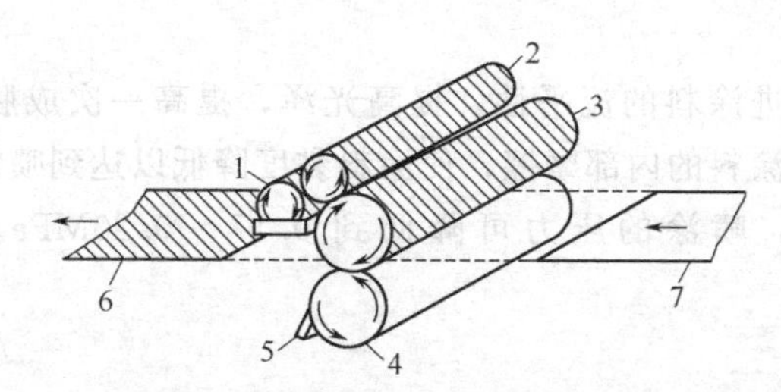

图 5-3 机械滚涂法涂装示意图

1—贮槽及浸涂辊；2—转换辊；3—辊漆辊；4—压力辊；5—刮漆刀；
6—涂过涂料的板材；7—未涂过涂料的板材

3. 空气喷涂法

空气喷涂也称有气喷涂，是依靠压缩空气的气流在喷枪的喷嘴处形成负压，将涂料从贮漆罐中带出并雾化，在气流的带动下涂到被涂物表面的一种方法。空气喷涂设备简单，操作容易，涂装效率高，得到的漆膜均匀美观。不足之处是，喷涂时有相当一部分涂料随空气的扩散而损耗。扩散在空气中的涂料和溶剂对人体和环境有害，在通风不良的情况下，溶剂的蒸气达到一定程度，有可能引起爆炸和火灾。

空气喷涂的主要设备是喷枪，按涂料供给方式，喷枪通常分为重力式、吸上式和压送式三种类型，如图 5-4～图 5-6 所示。

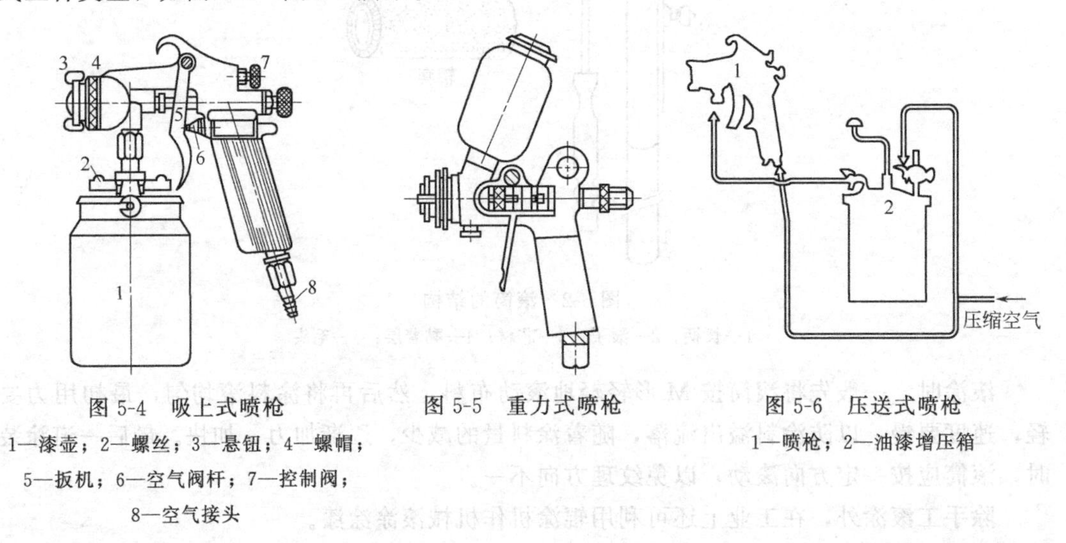

图 5-4　吸上式喷枪

1—漆壶；2—螺丝；3—悬钮；4—螺帽；5—扳机；6—空气阀杆；7—控制阀；8—空气接头

图 5-5　重力式喷枪

图 5-6　压送式喷枪

1—喷枪；2—油漆增压箱

喷涂施工时应注意以下几个问题。

a. 应先将涂料调至适当的黏度，主要根据涂料的种类、空气压力、喷嘴的大小以及物面的需要量来定。

b. 供给喷枪的空气压力一般为 0.3～0.6MPa。

c. 喷枪与物面的距离一般以 20～30cm 为宜。

d. 喷枪运行时，应保持喷枪与被涂物面呈有直角、平行运行。运行时要用身体和臂膀进行，不可转动手腕。

e. 为了获得均匀涂层，操作时每一喷涂条带的边缘应当重叠在前一已喷好的条带边缘上 1/3～1/2，且搭接的宽度应保持一致。

f. 若喷涂两道，应与前道漆纵横交叉，即若第一道采用横向喷涂，第二道应采用纵向喷涂。

为了节省溶剂，改进涂料的流平性，提高光泽，提高一次成膜的厚度，可采用热喷涂，即利用加热来减少涂料的内部摩擦，使涂料黏度降低以达到喷涂所需要黏度。热喷涂减少了稀释剂的用量，喷涂的压力可降低到 0.17～0.20MPa。涂料一般可预热到 50～65℃。

4. 无空气喷涂法

无空气喷涂与空气喷涂原理不同，是使涂料通过加压泵 0.14～0.69MPa 被加压至 14.71～17.16MPa，从细小的喷嘴（ϕ 为 0.17～0.90mm）喷出。当高压漆流离开喷嘴到达大气后，随着高压的急剧下降，涂料内溶剂剧烈膨胀而分散雾化，高速地涂覆在被涂物件上。因涂料雾化不用压缩空气，所以称为无空气喷涂。其原理示意图如图 5-7。

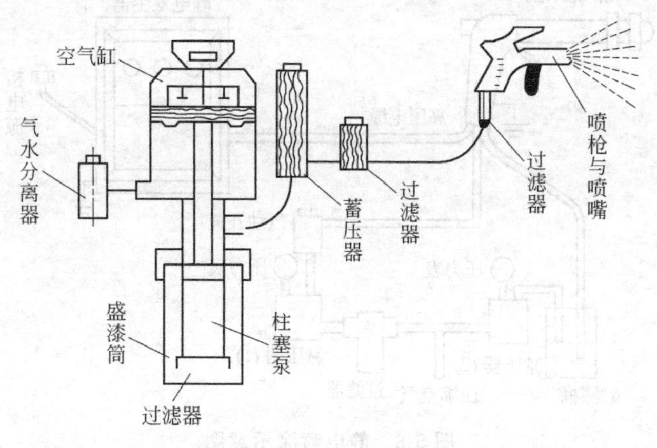

图 5-7　高压无气喷涂的原理

无空气喷涂装置按驱动方式可分为气动式、电动式和内燃机驱动式三种；按涂料喷涂流量可分为小型（1～2L/min）、中型（2～7L/min）和大型（大于 10L/min）；按涂料输出压力可分为中压（小于 10MPa）、高压（10～25MPa）和超高压（25～40MPa）；按装置类型又可分为固定式，通常应用于大量生产的自动流水线上，多为大型高压高容量机；移动式，常用于因工作场所经常变动的地方，多为中型设备；轻便手提式，常用于喷涂工件不太大而工作场所经常变动的场合，多为中压小型设备。

无空气喷涂的优点有：①比一般喷涂的生产效率可提高几倍到十几倍；②喷涂时，漆雾比空气喷涂少，涂料利用率高，节约了涂料和溶剂，减少了对环境的污染，改善了劳动条件；③可喷涂高固体、高黏度涂料，一次成膜较厚；④减少施工次数，缩短施工周期；⑤消除了因压缩空气含有水分、油污、尘埃杂质而引起的漆膜缺陷；⑥涂膜附着力好，即使在缝隙、棱角处也能形成良好的漆膜。

无气喷涂的不足之处是：操作时喷雾的幅度和出漆量不能调节，必须更换喷嘴才能调节；不适用于薄层的装饰性涂装。

无空气喷涂的设备主要包括喷枪、加压泵、蓄压器、漆料过滤器、输送软管等。其中关键设备为喷枪，这是因为无空气喷涂工作压力高，涂料流过喷嘴时，产生很大的摩擦阻力，使喷嘴很容易磨损，一般采用硬质合金钢。同时，为了保证涂料均匀雾化，其喷嘴口光洁度要求较高，不允许有毛刺。

无气喷涂施工时，喷嘴与被涂工件表面的垂直距离约为 30～40cm，其他操作方法与空气喷涂类似。

5. 静电喷涂法

静电喷涂法系利用高压电场的作用，使漆雾带电，并在电场力的作用下吸附在带异性电荷的工件上的一种喷漆方法。它的原理是：先将负高压加到有锐边或尖端的金属喷杯上，工件接地，使负电极与工件之间形成一个高压静电场，依靠电晕放电，首先在负电极附近激发大量电子，用旋转喷杯或压缩空气使涂料雾化并送入电场，涂料颗粒获得电子成为带负电荷的微粒，在电场力作用下，均匀地吸附在带正电荷的工件表面，形成一层牢固的涂膜。静电喷涂的示意图如图 5-8 所示。

静电喷涂有许多优点。

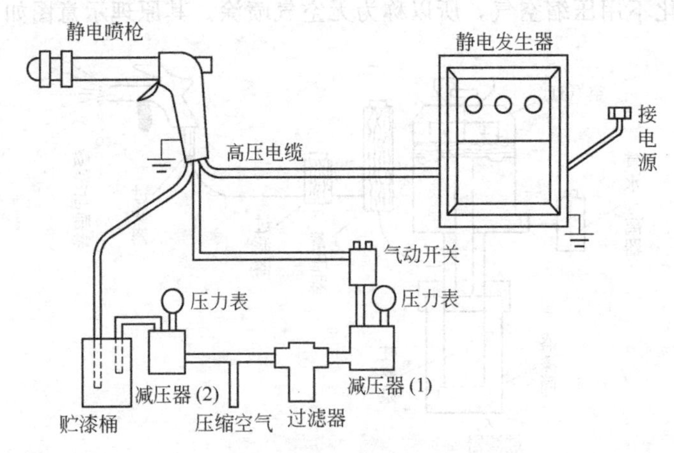

图 5-8　静电喷涂示意图

① 节省涂料。在电场的作用下，漆雾很少飞散，大幅度提高了涂料的利用率。

② 易实现机械化自动化，适合于大批量流水线生产。

③ 减少了涂料和溶剂的飞散、挥发，改善了劳动条件。

④ 漆膜均匀丰满，附着力强，装饰性好，提高了涂膜的质量。

静电喷涂的缺点是：

① 由于静电的作用，某些凹陷部位不易上漆，边角处有时出现积漆；

② 涂层有时流平性差，有橘皮；

③ 不容易喷涂到工件内部；

④ 对环境的温度、湿度的要求较高；

⑤ 由于使用高电压，所以火灾的危险性较大，必须要有可靠的安全措施。

静电喷涂的主要设备是静电发生器和静电喷枪。静电发生器一般常用的是高频高压静电发生器，近年来静电发生器由于利用半导体技术而向微型化发展。静电喷枪既是涂料雾化器，又是放电极，具有使涂料分散、雾化并使漆滴带电荷的功能。静电喷枪的类型有下列几种。

(1) 离心力静电雾化式　由高速旋转的喷头产生的离心力使涂料分散成细滴，漆滴离开喷头时得到电荷，又进一步静电雾化形成微滴而吸附到被涂物件表面。

(2) 空气雾化式　涂料的雾化靠压缩空气的喷射力来实现，亦称为旋风式静电喷涂。

(3) 液压雾化式　涂料雾化靠液压，与一般无空气喷涂基本相同，又称高压无空气雾化喷涂。

静电喷涂对所用涂料和溶剂有一定的要求，涂料电阻应在 5～50MΩ，所用溶剂一般为沸点高、导电性能好、在高压电场内带电雾化遇到电气火花时不易引起燃烧的溶剂。因此，溶剂的闪点高些比较有利。此外，高极性的溶剂能够有效地调整涂料的电阻。酮类和醇类导电性最好，酯类次之，烷烃类和芳烃类最差，其体积电阻高达 $10^{12}\Omega\cdot cm$。

6. 擦涂法

擦涂法也称为揩涂法或搓涂法，是一种手工操作涂漆的方法，适用于硝基类清漆、虫胶清漆等挥发型清漆的涂装。因为挥发型漆干燥后，仍可被溶剂溶解，所以在已涂过的表面进行擦拭时，漆膜高处被擦平、低凹处被填平，结果获得的漆膜透明光亮，装饰性好。但此方法全靠手工操作，施工者的经验与手法较为重要，而且工作效率低，施工周期长。

因此，只用于高档木器的装饰。

擦涂没有专门的工具，常用的材料有纱布、脱脂棉、棉砂、竹丝、尼龙丝等。

擦涂的方式有四种，即圈涂、横涂、直涂和直角涂。如图 5-9 所示。

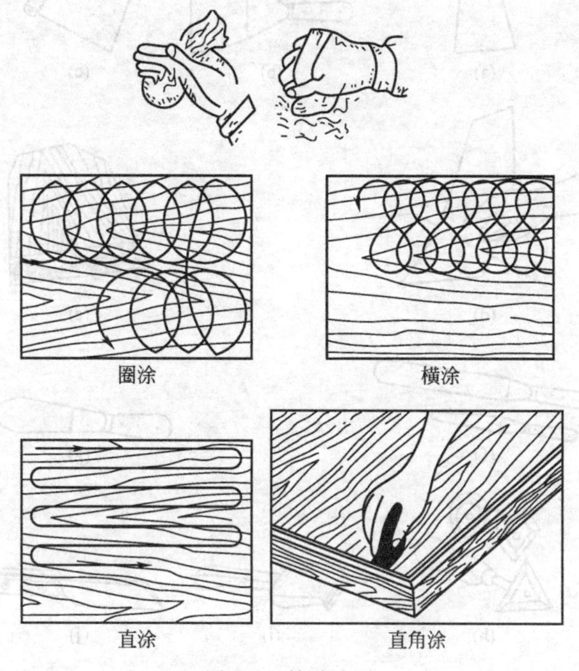

图 5-9 擦涂方法

(1) 圈涂 即在涂饰表面做圆形或椭圆形的匀速运动，有规律、有顺序地从被涂物件一端擦到另一端。

(2) 横涂 即在物面上做与木纹等纹理垂直或倾斜的移动，有 8 字形及蛇形两种方式。横涂有利于消除圈涂痕迹，提高物面的平整度。

(3) 直涂 在物面上做长短不等的直线运动，目的是消除圈涂、横涂的痕迹，使涂层更加平整、坚实、光滑。多用于最后几遍的擦涂。

(4) 直角涂 主要是对角落进行涂装。

7. *刮涂法*

刮涂是使用金属或非金属刮刀，对黏稠涂料进行厚膜涂装的一种方法。一般用于涂装腻子、填孔剂以及大漆等。

刮涂是使用很早的涂料涂装方法，常用于刮涂腻子。此方法局限于较平的表面。

刮涂的主要工具是刮刀，刮刀的材质有金属、橡胶、木质、竹质、牛角、塑料以及有机玻璃等。金属刮刀强韧、耐用，多用于混合涂料及车辆刮腻子等。橡胶刮刀具有弹性，最适用于曲面上的涂装。常见刮刀的类型如图 5-10。

8. *浸涂法*

浸涂法就是将被涂物件全部浸没在盛有涂料的槽中，经短时间的浸没，从槽内取出，并让多余的漆液重新流回漆槽内，经干燥后达到涂装的目的。

浸涂适用于小型的五金零件、钢质管架、薄片以及结构比较复杂的器材或电气绝缘材料等。它的优点是省工省料，生产效率高，操作简单。但浸涂也有局限性，如物件不能有

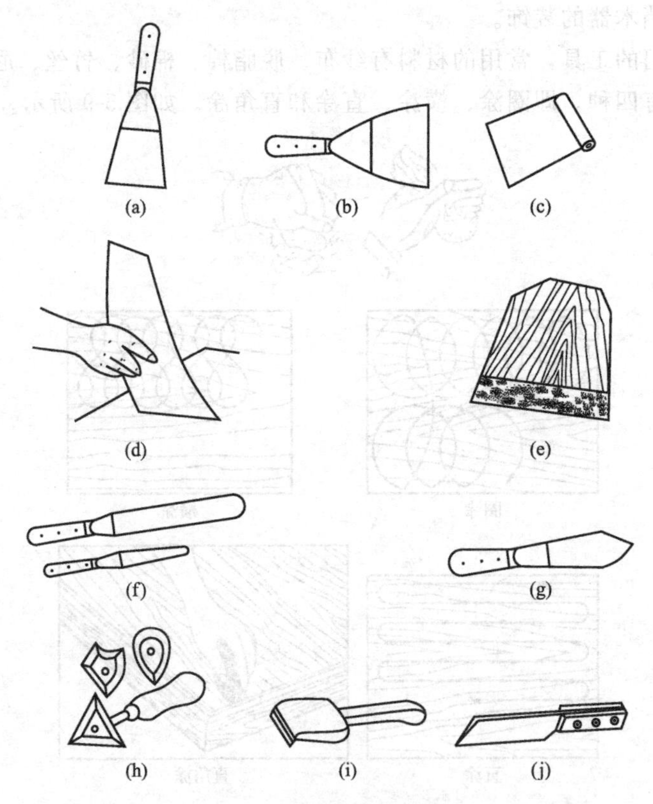

图 5-10 各种刮刀类型

(a) 铲刀；(b) 腻子刮铲；(c) 钢刮板；(d) 牛角刮刀；(e) 橡皮刮板；
(f) 调料刀；(g) 油灰（腻子）刀；(h) 斜面刮刀；(i) 刮刀；(j) 剃刀

积存漆液的凹面，仅能用于表面同一颜色的产品，不能使用易挥发和快干型涂料。

浸涂的方法很多，有手工浸涂法、传动浸涂法、回转浸涂法、离心浸涂法、真空浸涂法。图 5-11 为浸涂示意图。

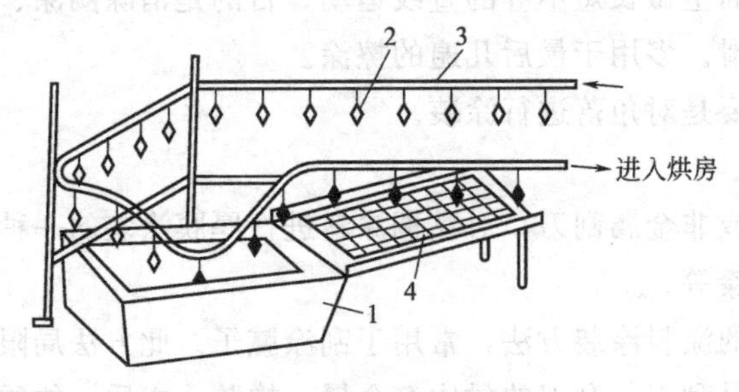

图 5-11 浸涂示意图

1—涂料槽；2—工件；3—挂架；4—收集台

9. 淋涂法

将涂料喷淋或流淌过被涂物件上的涂漆方法称为淋涂，也称流涂、浇涂。其示意图如图 5-12 所示。

淋涂能得到较厚而均匀的涂层，常用于光固化涂料，快干型涂料不适用，主要对平面涂装，不能涂垂直面，也不宜用于涂装美术涂料及含有较多金属颜料的涂料。

淋涂的涂层质量受漆幕的高低位差与流速、传送带传动速度、泵速以及涂料表面张

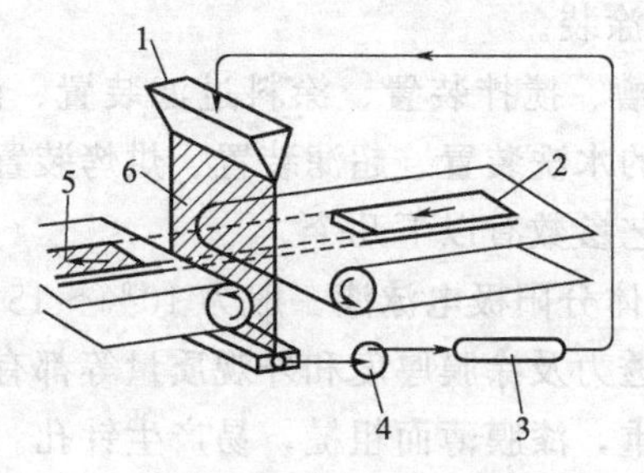

图 5-12　淋涂示意图

1—高位槽；2—被淋涂物面；3—涂料过滤器；4—输漆泵；

5—已涂漆物面；6—帘幕

力、黏度、干率、被涂物件的类型等因素的影响。

10. 电沉积涂漆法

电沉积涂漆，也称电泳涂装，是将物件浸在水溶性涂料的漆槽中作为一极，通电后，涂料立即沉积在物件表面的涂漆方法。图 5-13 为电泳涂装工艺流程图。

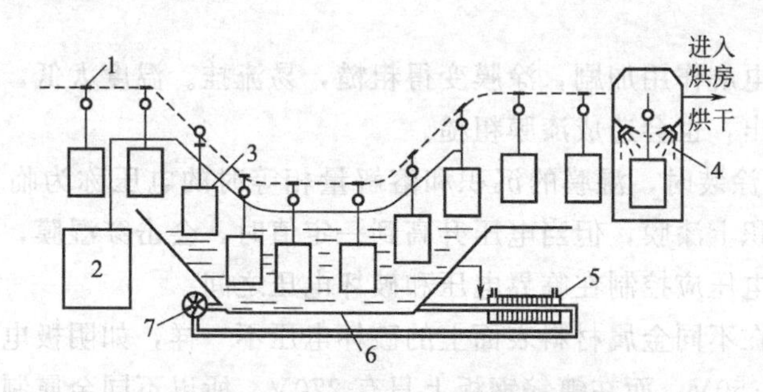

图 5-13　电泳涂装工艺流程示意图

1—经表面处理后的工件；2—电源；3—工件；4—喷水冲洗；

5—槽液过滤；6—沉积槽；7—循环泵

电泳涂装按沉积性能可分为阳极电泳（工件是阳极，涂料是阴离子型）和阴极电泳（工件是阴极，涂料是阳离子型）；按电源可分为直流电泳和交流电泳；按工艺方法又有定电压法和定电流法。

电泳涂漆是一种先进的现代涂装作业方法，具有以下优点。

① 能实现自动流水线生产，涂漆快，自动化程度高，生产效率高。

② 漆膜厚度均匀，易控制膜厚。

③ 较好的边缘、内腔及焊缝的涂膜覆盖性，使产品涂层的整体性能提高。

④ 环保、安全，以水为分散介质，没有火灾危险。

⑤ 涂料利用率高，超过 95%以上。

⑥ 漆膜外观好，无流痕。

电泳涂装的缺点主要有：

① 烘干温度高，漆膜颜色单一；

② 设备投入大，管理要求严格；

③ 多种金属制品不宜同时电泳涂漆；

④ 塑料、木材等非导电性制品不能电泳涂漆，也不能在底漆表面泳涂面漆；

⑤ 漂浮性工件不能电泳涂装。

电泳涂装的设备有电泳槽、搅拌装置、涂料过滤装置、温度调节装置、涂料管理装置、电源装置、电泳涂装后的水洗装置、超滤装置、烘烤装置、备用罐等。

影响电泳涂装的主要工艺参数有以下几个。

① 槽液固体分　槽液固体分阳极电泳漆一般为10%～15%，阴极电泳漆为20%。槽液固体分对槽液稳定性、泳透力及涂膜厚度和外观质量等都有影响。若槽液固体分低，则槽液稳定性差，颜料沉降严重，漆膜薄而粗糙，易产生针孔。槽液固体分过高，则漆膜厚度增加，漆膜粗糙起橘皮。

② pH值　槽液pH值代表着漆液的中和度及稳定性。中和度不够，树脂的水溶分散性差，漆液易沉降。若中和度太高，槽液电解质浓度高，电解产生的大量气泡会造成漆膜粗糙。

③ 电导　电导跟槽液pH值、固体分、杂离子含量有关。槽液电导处于不断增加的趋势，电导增加使电解作用加剧，漆膜粗糙多孔。

④ 槽液温度　槽液温度升高，树脂胶粒的电泳作用增加，有利于电沉积和涂膜厚度提高。

过高的温度使电解作用加剧，涂膜变得粗糙，易流挂。温度太低，槽液黏度增加，工件表面气泡不易逸出，也会造成漆膜粗糙。

⑤ 电压　电泳涂装时，湿膜的沉积和溶解量相等时的电压称为临界电压。工件在临界电压以上才能沉积上漆膜，但当电压升高到一定值时，会击穿湿膜，产生针孔、粗糙等缺陷。因此，工作电压应控制在临界电压和破坏电压之间。

同一种电泳漆在不同金属材料表面上的破坏电压不一样，如阴极电泳漆在冷轧钢板上的破坏电压最高达350V，而在镀锌钢板上只有270V，所以不同金属制品应在不同的工作电压下分别进行电泳涂装。

⑥ 电泳时间　电泳涂装时，随着工件表面湿膜的增厚，绝缘性增强，一般2min左右后，湿膜已趋于饱和而不再增厚，但此时在内腔和缝隙内表面，泳透力逐步提高，便于漆膜在内表面沉积，因此，电泳时间在3min左右。

⑦ 极距和极比　极距指工件与电极之间的距离。随着极距的增加，工件与电极之间电泳漆液的电阻增大。由于工件都具有一定形状，在极距过近时会产生局部大电流，造成涂膜厚薄不匀；在极距过远时，电流强度太低，沉积效率差。

极比是指工件与电极的面积比。阳极电泳漆极比常取1∶1，这是因为阳极电泳的工作电压低、泳透力差，增大电极面积可提高泳透力并改善膜厚均匀性。阴极电泳的极比一般为4∶1。电极面积过大或过小都会使工件表面电流密度分布不均匀，造成异常沉积。

⑧ 其他工艺参数　有中和当量、颜基比、泳透力、再溶性、有机溶剂含量、贮存稳定性等。

中和当量：指中和单位质量树脂中酸（碱）基团所需中和剂的物质的量，以物质的量/克干树脂表示。

颜基比：漆中颜填料与固体树脂的重量比。

泳透力：指深入被屏蔽工件表面沉积漆膜的能力。

再溶性：湿电泳漆膜抵抗槽液和超滤液再溶解的能力。

有机溶剂含量：用于改善电泳漆水溶性及分散稳定性所用的助溶剂含量。

贮存稳定性：电泳漆原漆的常温贮存稳定性应不少于1年，槽液在40～50℃存放的稳定性应1个月以上，连续使用的稳定性应在15～20周次。

11. 自沉积涂漆法

以酸性条件下长期稳定的水分散性合成树脂乳液为成膜物质制成的涂料，在酸和氧化剂存在的条件下，依靠涂料自身的化学和物理化学作用，将涂层沉积在金属表面，这种涂漆方法称为自沉积涂漆，也称自泳涂装、化学泳涂。

自沉积涂漆的原理是，当钢铁件浸于酸性自泳涂料中时，铁表面被溶解并产生Fe^{3+}：

$$Fe + 2H^{+} \longrightarrow Fe^{2+} + H_2\uparrow$$

$$2Fe^{2+} + H_2O_2 + 2H^{+} \longrightarrow 2Fe^{3+} + 2H_2O$$

氧化剂还可以减少金属表面气泡：

$$2[H] + H_2O_2 \longrightarrow 2H_2O$$

随着金属界面附近槽液中Fe^{3+}的富集，树脂乳液被凝集而沉积在活化的金属表面上而形成涂膜。

自沉积涂装的优点如下。

① 节能　自沉积涂装利用化学作用，不用电，在常温下进行。

② 防护性能强　在自沉积过程中，金属的表面处理（活化）与涂膜沉积同时进行，漆膜的附着力强。经处理后，涂膜耐盐雾性能可达600h。

③ 工艺过程短　自沉积涂装不需磷化处理，设备投资少，工序数少。

④ 生产效率高　一般只需1～2min，适合于流水性生产方式。工件自槽液中取出后，表面黏附的槽液仍可进行化学作用而沉积，涂料利用率好于电泳漆且需超滤系统。

⑤ 无泳透力问题　工作任何部件与槽液接触，都能得到一层厚度均匀的漆膜。

⑥ 耐水性好　表面活性剂等水溶性物质不会大量地与成膜物一起沉积，因此比一般乳胶耐水性好。

自沉积涂装必须注意的是，与电泳漆一样，也存在槽液稳定性问题，特别是金属离子在槽液中持续积累，不利于槽液的稳定。

12. 粉末涂装法

粉末涂装是使用粉末涂料的一种涂覆工艺。它的特点如下。

① 一次涂装便可得到较厚的涂层，提高了施工效率，缩短了生产周期。

② 涂料中不含溶剂，无需稀释及调黏，减少了火灾的危险，有利于环保。

③ 涂层的附着力强，致密性好，提高了涂层的各项机械物理性能。

④ 过量的涂料可回收利用，降低了涂料的消耗。

粉末涂装存在的缺陷有：

① 烘烤温度高（大于200℃）；

② 换色不方便；

③ 涂膜流平性差。

粉末涂装的方法有火焰喷射法、流化床法、静电流化床法、静电喷射及粉末电泳法等。

采用火焰喷射法时，树脂易受高温而分解，涂膜质量差，现在很少应用。

流化床法是将工件预热到高于粉末涂料熔融温度20℃以上的温度，然后浸在沸腾床中使粉末局部熔融而黏附在表面上，经加热熔合形成完整涂层。工件预热温度高，则涂层厚，但若要薄涂层及热容量小的薄板件不宜用流化床法。

静电流化床是将冷工件在流化床中通过静电吸附粉末，工件不需预热并可形成薄涂层，但也只适合小件的涂装。

静电喷涂法是粉末涂装应用最广的一种方法。它不仅能形成50～200μm的完整涂层，而且涂层外观质量好，生产效率高。

粉末电泳法是将树脂粉末分散于电泳漆中，按电泳涂装的方法附着工件的表面，烘烤时树脂粉末和电泳漆融为一体形成涂层。它有电泳涂装的优点，并且避免了粉末涂装的粉尘问题。它的不足是由于水分的存在，烘烤时涂层易产生气孔，且烘烤温度高。

13. 其他涂布法

(1) 丝网法　文具、日历、产品包装、书籍封皮、路牌、标志等需要涂饰成多种颜色的套牌图案或文字时，可用丝网法涂装。即将已刻印好的丝筛平放在欲涂的表面，用硬橡胶刮刀将涂料刮涂在丝网表面，使涂料渗透到下面，从而形成图案或文字。

(2) 气雾罐喷涂法　将涂料装在含有三氯氟甲烷等气体发射剂的金属罐中，使用时揿按钮后漆液随发射剂的气化变成雾状从罐中喷出。这种喷涂方法适用于小物件及交通车辆车体的修补等，不适用于大面积的连续生产的产品。

(3) 抽涂法　铅笔杆及金属线等物体涂装时，可采用抽涂法涂装，其过程如图5-14所示。

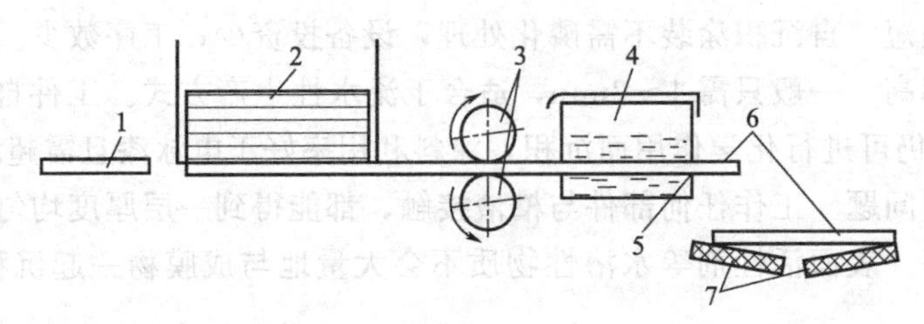

图5-14　铅笔杆抽涂示意图

1—顶杆；2—装料斗；3—辊子；4—贮漆槽；5—橡胶垫圈；6—铅笔杆；7—输送带

四、涂膜的干燥

根据涂料的各种成膜机理，按涂膜干燥所需要的条件，涂膜的干燥方式可归纳为自然干燥、加热干燥和特种干燥三种。

1. 自然干燥

自然干燥也称常温干燥、自干或气干，即在常温条件下湿膜随时间延长逐渐形成干膜。这是最常见的涂膜干燥方式，室内外均可进行，无需干燥设备和能源，特别适宜户外的大面积涂装。但有时干燥时间长，受自然条件的影响比较严重。

自然干燥的速度除由涂料的组成决定外，还与涂膜厚度、气温、湿度、通风、光照有关。环境的清洁程度影响涂膜的外观质量。

涂装后，当溶剂挥发、黏度增加时，溶剂在涂膜中的扩散速度显著降低，因此涂膜越厚，完全干燥越慢。

气温过高或过低都会影响成膜质量，一般在10～35℃之间较好。

环境湿度对干燥速度和涂膜质量的影响非常大。湿度高时，空气中的水分抑制湿膜中溶剂的挥发，而且溶剂的挥发吸热会使水汽冷凝，造成涂膜泛白，对某些氧化聚合型涂膜还会造成涂膜回粘。因此，湿度小于75%较好。

通风有利干燥，而且有利于安全，室外风速宜在3级（3.4～5.5m/s）以下。

一般来说，光照对自干有利，如紫外光对聚合有明显促进作用，但高温阳光直射也易产生涂膜表面缺陷。

2. 加热干燥

加热干燥，也称烘干，是现代工业涂装中的主要干燥方式。一些以缩聚反应和氢转移聚合方式成膜的涂料需要在外加热量的条件下才能干燥。为了缩短干燥时间，自干的涂料也可加热干燥。

加热干燥分低温（100℃以下）、中温（100～150℃）和高温（150℃以上）三种。低温烘干主要用于自干涂膜的强制干燥或对耐热性差的材质（木材、塑料）表面涂膜的干燥。中温和高温则用于热固性涂膜和对金属表面涂膜的干燥。现代工业为了节约能源，要求向低温烘干发展。

加热干燥的主要设备是烘干室（烘炉）。

(1) 烘干室种类　烘干室根据其外形结构，可分为箱式和通过式两大类。箱式用于间歇式生产方式，通过式用于流水线生产方式，并有单行程、多行程之区别。通过式按外形分，又有直通式、桥式和“Π”形之分。一般地，直通式烘炉热量外溢较大，但设备较矮；桥式烘干室较长，空间较高，热量外溢少；“Π”形烘干室长度比桥式短。单行程烘炉结构相对简单，但设备长、占地面积大；多行程烘炉结构复杂，但设备短，占地面积小；并行式设备有利于提高保温性并减少占地面积；双层烘炉可充分利用空间高度，减少占地面积。

(2) 烘干过程　涂膜在烘干室内的整个烘干过程，可分为升温、保温和冷却三个阶段。

在升温阶段，涂层温度由室温逐渐升至烘干工艺温度，湿膜中约90%以上的溶剂散发逸出。因此，必须加强通风以排除溶剂蒸气。另外，工件升温吸收大量热量，所以热量消耗大部分在升温阶段。

在保温阶段，只需较少的热量，保温时间由涂膜化学交联反应所需的固化工艺时间所决定。

在冷却阶段，往往采用强制冷却方法使工件迅速冷却到40℃以下，以便进行下道工序的工作。

需要注意的是，烘干温度是指涂层温度或底材的温度，而不是加热炉、箱的温度。烘干时间是指在规定温度时的时间，而不是以升温开始的加热时间。

烘干室按加热方式，可分成对流式、热辐射及辐射对流复合式等。

(3) 对流烘干设备

① 对流烘干室特点　对流烘干设备是以热空气为热载体，通过对流方式将热量传递给涂膜和工件。它的特点是：

a. 加热均匀，适合于各种形状的工件，涂膜质量均一；

b. 温度范围大，广泛适合于各种涂料的干燥与固化；

c. 设备使用与维护方便；

d. 热惰性大，升温慢，热效率低；

e. 设备大，占地多；

f. 涂膜易产生气泡、针孔、起皱等缺陷。

② 对流烘干室的构成　对流烘干设备主要由室体、加热系统、空气幕装置和温度控制系统组成，见图5-15。

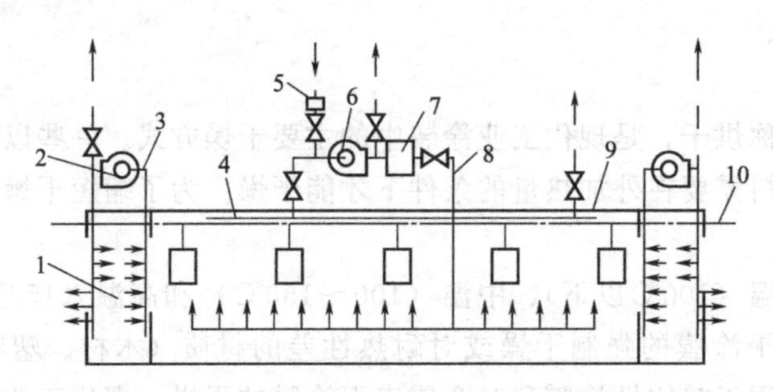

图5-15　对流烘干室示意图

1—空气幕送风管；2—风幕风机；3—空气幕吸风管；4—吸风管道；5—空气过滤器；6—循环风机；7—空气加热器；8—送风管道；9—室体；10—输送链

室体主要起隔热保温作用，因此体积和门洞应尽可能小，护板隔热层应有足够厚度并有效地密封。

加热系统由风管、空气过滤器、空气加热器及风机等构成。风管包括吸风管和送风管，室外部分为圆管，室内风管为矩形。送风管各开口处设闸板，便于调节室体内各处送风量。由于升温段耗热量大，送风量也应大点，相应地在升温段上部设排气管并增大吸风管的开口密度。空气过滤器应使空气含尘量低于 0.5mg/m³；以防涂膜表面出现灰尘颗粒，可采用干纤维过滤器或黏性填充滤料过滤器。空气加热器有燃油、燃气燃烧式加热器，电加热器及蒸汽加热器等几种。蒸汽加热用于120℃以下的低温烘干。电加热器结构紧凑、效率高、控制方便。燃烧式加热器有直接式和间接式之分。直接式是将燃烧产生的高温气体与空气混合送入烘干室，其热效率高，但热量不易控制，热空气清洁度差。间接式加热器热效率低，但气体清洁，容易调控。

空气幕装置是为了减少热空气从直通式连续通过烘干室两端门洞逃逸，出口风速一般在10～20m/s。对于涂覆了粉末的工件，在进口端不能设风幕，以免吹掉粉末颗粒。对于桥式或“Π”形烘干室，不需要风幕装置。

温度控制系统通过调节加热器热量输出来控制烘炉温度。不同热源的加热器调节方式也不同，但都应有多点测温和超温报警装置。

(4) 辐射烘干设备

① 辐射烘干原理及特点　辐射烘干就是利用从热源辐射出来的红外线和远红外线，通过空气传播辐射到被涂物件上并被吸收转换成热能，使涂膜和底材同时加热。它与传导和对流加热有着本质区别。

可见光的波长在 0.35～0.75μm 之间，比其波长长的为红外线区，波长范围为0.75～1000μm，其中波长 0.75～2.5μm 为近红外线，辐射体温度 2000～2200℃，辐射能量很高；波长 2.5～4μm 的为中红外线，辐射体温度约 800～900℃；波长大于 4μm 的为远红外线，辐射体温度约 400～600℃，辐射能量较低。由于有机物、水分子及金属氧化物的分子振动波长范围都在 4μm 以上，即在远红外线波长区域，这些物质有强烈的吸收峰，在远红外线的辐射下，分子振动加剧，产生热能，使涂膜迅速升温而干燥固化。因此，辐射烘干设备中广泛使用远红外线辐射加热方式。

辐射烘干的特点是：①热效率高；②升温快，烘干效率高；③底材表层与涂膜同时加热，有利于溶剂挥发，可减少漆病；④设备结构简单，投资少；⑤有辐射盲点，不适合于复杂形状的工件，因此，辐射与对流相结合，可以取长补短。

② 辐射烘干的影响因素

a. 涂层材料　不同涂层材料黑度（即吸收能力）不一样，黑度高的材料吸收能力强，热效率高。涂料的黑度一般在0.8～0.9。

b. 波长　可利用远红外线对涂膜加热，近红外线对金属表面1μm的薄层加热。这样既可使涂膜干燥，又可使金属不会整体受热。

c. 介质　烘干室中的水分和溶剂蒸气会吸收辐射能，使辐射衰减，故应及时排除。

d. 辐射距离　辐射距离不宜太远，一般平板为100mm，复杂工件为250～300mm。

e. 辐射器表面温度　辐射能与表面绝对温度的四次方式正比，与波长成反比。

f. 辐射器布置　由于辐射器表面温度很高，热空气的自然对流会使室体上部温度高。因此，辐射器数量应自下而上递减。

③ 辐射烘干设备组成　辐射烘干设备由室体、红外线辐射器、空气幕、通风系统和温控系统组成。室体和空气幕与对流烘干室一样。通风系统分自然排气和强制通风两种。溶剂含量高的涂料应采用强制通风。

红外线辐射器分燃气型和电热型两大类。电热型从外形又有管式、板式和灯泡式几种，其中管式和板式应用较多。

3. 特种干燥

(1) 光照射固化　光照射固化是加有光敏剂的光固化涂料的干燥方法。通常用300～450μm波长的紫外光，因此也称紫外光（UV）固化。

UV固化适用于流水作业施工，多用于平面板材如木材、塑料表面的涂装，先用帘式淋涂法施工，然后用传送带传送至光固化装置，经UV照射固化得到成品。

光固化干燥的主要设备是紫外光光源。紫外光日光灯和水银灯是目前国内外常用的光源。

应用UV固化装置时应注意以下几点。

① 由于许多颜、填料会吸收紫外光，使紫外光难以穿透湿膜，影响色漆内层固化，目前主要用于清漆。

② UV固化涂料的干燥速度与涂膜厚度、紫外光照射强度和照射距离密切相关。漆膜厚，固化时间长。照射强度大或距离近，则固化时间短。若采用弱紫外光，即使长时间照射，也难以达到强紫外光短时间照射的效果。

③ 紫外光照射炉要有足够的冷却效果，炉内温度应不大于60℃，以免对有些底漆和底材产生破坏。

④ 紫外光水银灯的冷却采用水冷和风次相结合的方法较好，同时风冷的风速和风向必须设计合理，以防风吹而影响涂膜的表面状态。

⑤ 强紫外光对人体，特别是对眼睛有害。因此，尽量远距离操作并须采取必要的劳动保护措施。

(2) 电子束辐射固化　电子束辐射固化是电子固化涂料的专用干燥方法，即用高能量的电子束照射涂膜，引发涂膜内活性基团进行反应而固化干燥。它在常温下进行，并且由于能量高，穿透性强，能固化到涂膜深部，因而可用于色漆的固化，而且干燥时间短，有的只需几秒，特别适用于高速流水线生产。但照射装置价格高，安全管理要求严格。

电子束固化通常使用的照射线有电子线和γ射线两种。

(3) 其他干燥方法

① 电感应式干燥　又称高频加热，即当金属工件放入线圈里时，线圈通 300～400Hz/s 交流电，在其周围产生磁场，使工件被加热，最高温度可达 250～280℃，可依电流强度大小来调节。由于能量直接加在工件上，故涂膜是从里向外被加热干燥，溶剂能快速彻底地散发逸出并使涂膜固化。

② 微波干燥　特定的物质分子在微波的作用下振动而获得能量，产生热效应。微波干燥只限于非金属材质基底表面的涂膜，这正好与高频加热相反。微波干燥对被干燥物选择性大，且设备投资较大，但干燥均匀，速度快，仅需 10～20s。

4. 涂膜的干燥过程

不管采用何种干燥方法，涂膜的干燥都有由液态变为固态，黏度逐渐增加，性能逐步达到规定要求的过程。

长期以来，人们习惯用简单直观的方法来划分干燥的程度，现在一般划分为 3 个阶段。

(1) 指触干或表干　即涂膜从可流动的状态干燥到用手指轻触涂膜，手指上不沾漆，但此时涂膜还发黏，并且留有指痕。

(2) 半硬干燥　涂膜继续干燥，达到用手指轻按涂膜，涂膜上不留有指痕的状态。从指触干到半硬干燥中间还有些不同的名称，如沾尘干燥、不黏着干燥、指压干燥等。

(3) 完全干燥　用手指强压涂膜也不残留指纹，用手指摩擦涂膜不留伤痕时可称为完全干燥。也有用硬干、打磨干燥等表示。不同被涂物件对涂膜的完全干燥有不同要求，如有的要求能够打磨，有的要求涂膜能经受住搬运、码垛堆放，因而它们的完全干燥达到的程度也就不同。

五、涂料的施工过程

被涂物件经过漆前表面处理（底材处理）以后，就可以进行涂料的施工，通常一个完整的涂料施工过程包括施工前准备、涂底漆、刮腻子、涂中涂层、打磨、涂面漆、罩清漆以及抛光上蜡、维护保养等工序。

1. 准备工作

(1) 涂料检查　涂料在施工前应进行检测、检查，一般要核对涂料名称、批号、生产厂和出厂时间、保质期，双/多组分漆还应核对调配比例和可使用时间，准备配套使用的稀释剂。若有条件还可检测涂料的化学和物理性能是否合格。此外，还要准备好必要的安全环保措施。

(2) 充分搅匀涂料　涂料在使用前应充分搅匀，以防涂料中有些成分如颜料、助剂局部浓度过高，双/多组分漆按规定调配后，也应充分搅拌。经规定时间的静置活化后使用。

(3) 调黏　大多数涂料都需加入适量的稀释剂稀释才能调整到施工黏度，而且不同的施工方法需要不同的黏度，如喷涂的黏度比刷涂的低些。

(4) 过滤净化　涂料在搬运、贮存、配漆时，难免会混入杂质或结皮等，因此应过滤净化。小批量涂装时，一般用手工方式过滤。大批量使用涂料时，可用机械过滤。

2. 涂底漆

底材处理后，紧接着是涂底漆。涂底漆的目的是在被涂物表面与随后的涂层之间创造良好的结合力，提高整个涂层的保护性能、装饰性能。因此对底漆的要求是：与底材有很好的附着力；本身有极好的机械强度；对底材有良好的保护性能；能为下道涂层提供良好的基础。

一般涂底漆后，要经打磨再涂下一道漆，以改善表面平整度及漆膜粗糙度，使与下一道漆膜结合更好。

3. 刮腻子

底漆一般不能消除底材上的细孔、裂缝及凹凸不平，刮腻子可将底材修饰得均匀平整，改善整个涂层的外观。

腻子中填料多，成膜基料少，若刮涂较厚，则容易产生开裂或收缩。刮腻子费工时，效率低。劳动强度大，不适宜流水线生产。因此应尽量少刮或不刮腻子。

腻子品种很多，在不同的底材上（如钢铁、金属、木材、混凝土灰浆等）有不同的品种。腻子有自干和烘干两种类型。性能较好的腻子品种有环氧腻子、氨基腻子、聚酯腻子(俗称原子灰)、乳胶腻子等。

对腻子的性能要求有：a. 与底漆有良好的附着力；b. 有一定的机械强度；c. 具有良好的施工性，易刮涂，不卷边；d. 适宜的干燥性，易干透；e. 收缩性小，对涂料的吸收性小；f. 打磨性良好，要既坚牢又易打磨；g. 有相应的耐久性。

局部找平时可用手工刮涂。大面积涂刮可用机械方法进行或将腻子用稀释剂调稀后，用大口径喷枪喷涂。多次刮涂腻子时应按先局部填孔，再统刮和最后稀刮的程序操作。为增强腻子层强度，可采用一道腻子一道底漆的方法。

腻子层在烘干时，应先充分晾干，然后逐步升温烘烤，以防烘得过急而起泡。

4. 涂中涂层

在底漆与面漆之间的涂层统称为中涂层。因此腻子层也可称中涂层，此外还有二道底漆、封底漆、立体涂装时的造型漆等。

二道底漆含颜料量比底漆多，比腻子少。它既有底漆性能，又有一定填平能力。封底漆综合腻子与二道底漆的性能，现在较多地用于表面经细致精加工的被涂物件，代替腻子层。封底漆有一定光泽，可显现出底材的小缺陷，既能充填小孔，又比二道底漆减少对面漆的吸收性，能提高涂层丰满度，具有与面漆相仿的耐久性，又比面漆容易打磨。封底漆采用与面漆相接近的颜色和光泽，可减少面漆的道数和用量。

中涂的作用有保护底漆和腻子层，以免被面漆咬起，增加底漆与面漆的层间附着力，消除底漆涂层的缺陷和过分的粗糙度，增加涂层的丰满度，提高整个涂层的装饰性和保护性。装饰性要求较高的涂层常需合适的中涂层。

中涂层应与底漆及面漆配套，并且具有良好的附着力和打磨性，耐久性能与面漆相适应。

5. 打磨

打磨是涂料施工中的一项重要工作，贯穿于施工的全过程，原则上每涂一层前都应进行打磨。它的作用是：a. 清除底材表面上的毛刺及杂物；b. 清除涂层表面的粗颗粒及杂物；c. 对平滑的涂层或底材表面打磨，可得到需要的粗糙度，增强涂层间的附着力。但打磨费工时，劳动强度很大。

打磨的方法有以下几种。

(1) 干打磨法　用砂纸、乳石、细的石粉进行打磨，然后打扫干净，此法适用于干硬而脆或装饰性要求不太高的表面。干打磨的缺点是操作过程中容易产生很多粉尘，影响环境卫生。

(2) 湿打磨法　用耐水砂纸、乳石蘸清水、肥皂水或含有松香水的乳液一起进行打磨，乳石可用粗呢或毡垫包裹并浇上少量的水或非活性溶剂润湿。对要求精细的表面可取用少量的乳石粉或硅藻土沾水均匀摩擦，打磨后用清水冲洗干净然后用鹿皮擦拭一遍，再干燥。湿打磨比干打磨质量好。

(3) 机械打磨法　比手工打磨法的生产效率高。一般采用电动打磨机具或在抹有磨光膏的电动磨光机上进行操作。

打磨时应注意：a. 涂层表面完全干燥方可进行；b. 打磨时用力要均匀；c. 湿打磨后须用清水洗净，然后干燥；d. 打磨后不能有肉眼可见的大量露底现象。

6. 涂面漆

涂面漆是完成涂装过程的关键阶段。应根据工件的大小和形状选定合适的施工方法。

涂面漆时，有时为了增强涂层的光泽、丰满度，可在最后一道面漆中加入一定数量的同类型清漆。也可再涂一道清漆罩光加以保护。

过滤面漆应用细筛网或多层纱布。涂装和干燥场所应干净无尘，装饰性要求高时应在具有调温、调湿和空气净化除尘的喷漆室及干燥场所中进行，以确保涂装效果。

涂面漆后必须有足够的时间干燥，才能使用被涂物品。

7. 抛光上蜡

为了增强最后一层涂料的光泽和保护性，可进行抛光上蜡处理。若经常抛光上蜡，可使涂层光亮而且耐水，延长漆膜的寿命，但抛光上蜡仅适用于硬度较高的涂层。

抛光上蜡时，先将涂层表面用棉布、呢绒、海绵等浸润砂蜡（磨光剂）进行磨光，然后擦净。大面积的可用机械方法。磨光以后，再以擦亮用上光蜡进行抛光，使表面有更均匀的光泽。

砂蜡主要用于各种涂层磨光和擦平表面高低不平，消除涂层的橘皮、污染、泛白、粗糙等弊病。因此在选择时，应选用不含磨损表面的粗大粒子，而且不使涂层着色的产品。

使用砂蜡之后，涂层表面基本平坦光滑，但还不太亮，可再涂上光蜡进行擦亮推光，上光蜡的质量主要取决于蜡的性能。

8. 装饰和保养

(1) 装饰　涂层的装饰可使用印花、划条等方法。印花（贴印）是利用石印法将带有图案或说明的胶纸印在工件的表面，如缝纫机头、自行车车架等。为了使印上的图案固定下来，可再在上面涂一层罩光清漆加以保护。

(2) 保养　工件表面涂装完毕后，应避免摩擦、撞击以及沾染灰尘、油腻、水迹等，根据涂层的性质及保养条件（温度、湿度等），应在 3～15 天以后方能使用。

第二节　涂料性能检测

一、涂料的原漆性能检测

原漆性能是指涂料包装后，经运输、贮存，直到使用时的质量状况。主要性能检测包括以下几方面。

1. 器中状态（外观）

通过目测观察涂料有无分层、发浑、变稠、胶化、结皮、沉淀等现象。

(1) 分层、沉淀　涂料经存放，可能会出现分层现象。一般可用刮刀来检查，若沉降层较软，刮刀容易插入，沉降层容易被搅起重新分散开来，待其他性能合格后，涂料可继续使用。

(2) 结皮　醇酸、酚醛、氯化橡胶、天然油脂涂料经常会产生结皮，结皮层已无法使用，应沿容器内壁分离除去，下层涂料可继续使用，使用时应搅拌均匀。

(3) 变稠、胶化　可搅拌或加适量稀释剂搅拌，若不能分散成正常状态，则涂料报废。

相关的国家标准有：《GB 6753.3—86 涂料贮存稳定性试验方法》；《GB/T 1721—79 (89) 清漆、清油及稀释剂外观和透明度测定法》；《GB/T 1722—92 清漆、清油及稀释剂颜色测定法》等。

2. 密度

密度即在规定的温度下，物体单位体积的质量。密度的测定按《GB/T 6750—86 色漆和清漆——密度的测定》进行。测定密度，可以控制产品包装容器中固定容积的质量。

3. 细度

涂料中颜、填料的分散程度，清漆中是否含有微小的杂质或固体树脂，可以用测定细度的方法了解。

色漆的细度是一项重要指标，对成膜质量、漆膜的光泽、耐久性、涂料的贮存稳定性等均有很大的影响。但也不是越细越好，过细不但延长了研磨工时，占用了研磨设备，有时还会影响漆膜的附着力。测细度的仪器通称细度计。测不同的细度，需要不同规格的细度计，国家标准《GB/T 1724—79 (89) 涂料细度测定法》中有 3 种规格：0～150μm、0～100μm 和 0～50μm。等效采用 ISO 的《GB 6753.1—86 涂料研磨细度的测定》，则分为 0～100μm、0～50μm、0～25μm 和 0～15μm 四种规格。美国 ASTM D1210 (79) 分级用海格曼级、mil（密耳）和油漆工艺联合会 FSPT 规格表示，它们与 μm 的换算关系如图 5-16 所示。

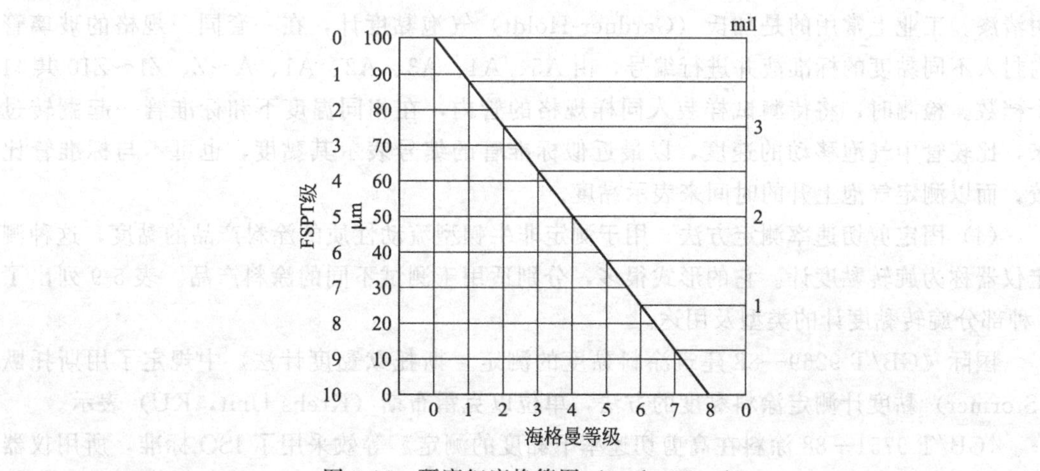

图 5-16　研磨细度换算图（1mil＝25μm）

4. 黏度

黏度是表示流体在外力作用下流动和变形特性的一个项目，是对流体具有的抗拒流动的内部阻力的量度，也称为内摩擦系数。

流体有牛顿型和非牛顿型流动之分。在一定温度下，流体在很宽的剪切速率范围内黏度保持不变的流动称为牛顿型流动。而非牛顿型流动时，流体的黏度随切变应力的变化而变化。随着切变应力增加，黏度降低的流体称为假塑型流体；切变应力增加，黏度也随之增加的称为膨胀性流体。

液体涂料中除了溶剂型清漆和低黏度的色漆属于牛顿型流体外，绝大多数的色漆属于非牛顿型流体。因此，液体涂料的黏度检测方法很多，以适应不同类型的流体。

检测方法主要有以下几个。

(1) 流出法　适用于透明清漆和低黏度色漆的黏度检测。即通过测定液体涂料在一定容积的容器内流出的时间来表示此涂料的黏度。根据使用的仪器又可分为毛细管法和流量杯法。

毛细管法是一种经典的方法，适用于测定清澈透明的液体。但由于毛细管黏度计易损坏，而且操作清洗均较麻烦，现主要用于其他黏度计的校正。

流量杯法是毛细管黏度计的工业化应用。它适用于低黏度的清漆和色漆，不适用于测定非牛顿流动的涂料。

世界各国使用的流量杯黏度计各有不同的名称，但都按流出孔径大小、最佳的测量范围划分为不同型号。我国通用的是国标《GB/T 1723—93》中规定的涂-1 黏度杯和涂-4 黏度杯，同时等效采用 ISO 流出杯（《GB/T 6753.4—86》）；美国《ASTM D1200》规定采用的是 2#、3#、4# 福特（Ford）杯；德国《DIN 53211》采用的是 DIN 黏度杯，有 2#、3#、4#、6# 和 8# 五种。另外，还有一种察恩黏度（Zahn cup）杯，是一种圆柱形球底并配有较长提干的轻便黏度杯，按其底部所开小孔的尺寸分为 1#～5# 共 5 个型号，它的特点是操作简单方便，适用现场使用。

(2) 落球法　落球法就是利用固体物质在液体中的流动速度快慢来测定液体的黏度，使用这一原理制造的黏度计称为落球黏度计，它适用于测定透明度较高的液体涂料，多用于生产控制。《GB/T 1723—93 涂料黏度测定法》规定了落球黏度计的规格和测试方法。

(3) 气泡法　即利用空气在液体中的流动速度来测定涂料产品的黏度，它只适用于透明清漆。工业上常用的是加氏（Gardner-Holdt）气泡黏度计，在一套同一规格的玻璃管内封入不同黏度的标准液并进行编号，由 A5、A4、A3、A2、A1、A～Z、Z1～Z10 共 41 个档数。检测时，将待测试样装入同样规格的管内，在相同温度下和标准管一起翻转过来，比较管中气泡移动的速度，以最近似标准管的编号表示其黏度，也可不与标准管比较，而以测定气泡上升的时间来表示黏度。

(4) 固定剪切速率测定方法　用于测定非牛顿型流动性质的涂料产品的黏度，这种测定仪器称为旋转黏度计。它的形式很多，分别适用于测试不同的涂料产品。表 5-9 列出了 3 种部分旋转黏度计的类型及用途。

国际《GB/T 9269—88 建筑涂料黏度的测定　斯托默黏度计法》中规定了用斯托默（Stormer）黏度计测定涂料黏度的方法，单位以克雷布斯（Krebs Unit，KU）表示。

《GB/T 9751—88 涂料在高剪切速率下黏度的测定》等效采用了 ISO 标准，所用仪器为锥板式或圆筒形黏度计和浸没式黏度计，测得的是涂料的动力黏度，单位以 Pa·s 表示。

表 5-9 旋转黏度计的类型及用途

类型		黏度计举例	用途
同心圆筒	同心旋转	成都 DXS-11 型 瑞士 Eppredat Rheomat	测定油类及涂料的动力黏度及流变性质，测定的黏度范围较大
	外筒旋转	上海 NDJ-2 型 美国 Macmichael	
桨式		天津 QNZ 型 美国 Stormer	用于一般的黏度和稠度测定
转盘式		上海 NDJ-1 型 日本 BL、BM、BH 美国 Brookfield	测定动力黏度及流动曲线，以及等黏度最为合适
锥板式		德国 Rotovisco 英国 ICI 兰州 NZB-1 型	用于测定较黏稠的涂料、油墨和其他物料的流变性质

美国 ASTM D2196—81 中详细规定了转盘式旋转黏度计的测定方法。此外，对于厚漆、腻子及其他厚浆型涂料，习惯上将黏度称为稠度，国标《GB/T 1749—79（89）厚漆、腻子稠度测定法》中规定了稠度的测定方法。其主要内容是：取定量体积的试样，在固定压力下经过一定时间，以试样流展扩散的直径表示，单位 cm。

5. 不挥发分含量

不挥发分也称固体分，是涂料组分中经过施工后留下成为干涂膜的部分，它的含量高低对成膜质量和涂料的使用价值有很大关系。为了减少有机挥发物对环境的污染，生产高固体分涂料是各涂料生产厂商努力的方向之一。

测定不挥发分最常用的方法是：将涂料在一定温度下加热烘烤，干燥后剩余物质与试样质量比较，以百分数表示。相关的标准有：《GB/T 1725—79（89）涂料固体含量测定法》，等效采用 ISO 1515—1973《色漆和清漆 挥发物和不挥发物的测定》的 GB/T 6751—86 以及《GB/T 9272—88 液态涂料内不挥发分含量的测定》。

6. 冻融稳定性或低温稳定性

主要用于以合成树脂乳液为基料的水性漆。若该漆在经受冷冻、融化若干次循环后，仍能保持其原有性能，则具有冻融稳定性。

《GB/T 9268—88 乳胶漆耐冻融性的测定》规定，试样在－18℃±2℃条件下冷冻17h，然后在23℃±2℃放置，分别在6h和48h后进行检验。ASTM D2243—68（74）规定为在－9.4℃±2.8℃冷冻7天后测定。有些乳胶漆产品以（－5℃±1℃）×16h，然后（23℃±2℃）×8h为一个循环，共若干次循环来表示低温稳定性。

二、涂料的施工性能检测

涂料只有通过施工才能发挥作用，因此施工的难易程度直接影响到施工者对涂料的认可度。涂料的施工性能包括，将涂料施工到底材料开始至形成涂膜为止，主要性能如下。

1. 施工性

依据施工方法不同，施工性可分别称为刷涂性、喷涂性或刮涂性，施工性能即指涂料用刷、喷或刮涂方法施工时，既容易施工，而且得到的涂膜很快流平，没有流挂、起皱、缩边、渗色或咬底等现象。《GB/T 6753.6—86 涂料产品的大面积刷涂试验》规定的方法是，在不小于1.0m×1.0m×0.00123m的钢板、不小于1.0m×0.9m×0.006m的木板或不小于1.0m×0.9m×0.005m水泥板上施工色漆、清漆及有关产品的刷涂性和流动性。

日本JIS K 5400中对施工性检测规定的试验尺寸为500mm×200mm，根据产品规定分别检验刷涂、喷涂或刮涂性能，且涂一道和涂两道进行检查，用文字表示检查结果。

2. 干燥时间

涂料的干燥过程根据涂膜物理性状（主要是黏度）的变化过程可分为不同阶段。习惯上分为表面干燥、实际干燥和完全干燥三个阶段。美国ASTM D1640—69（74）把干燥过程分成八个阶段。由于涂料的完全干燥时间较长，故一般只测表面干燥和实际干燥两项。

（1）表面干燥时间（表干）的测定　常用的方法有《GB/T 1728—79（89）》中的吹棉球法、指触法和《GB/T 6753.2—86》中的小玻璃球法。吹棉球法是在漆膜表面放一脱脂棉球，用嘴沿水平方向轻吹棉球，如能吹走而漆膜表面不留有棉丝，即认为表面干燥。指触法是以手指轻触漆膜表面，如感到有些发黏，但无漆粘在手指上，即认为表面干燥或称指触干。小玻璃球法是将约0.5g的直径为125～250μm的小玻璃球能用刷子轻轻刷离，而不损伤漆膜表面，即认为达到表干。

（2）实际干燥时间（实干）的测定　常用的有压滤纸法、压棉球法、刀片法和厚层干燥法。《GB/T 1728—79（89）》有详细规定。

由于漆膜干燥受温度、湿度、通风、光照等环境因素影响较大，测定时必须在恒温恒湿室进行。

3. 涂布率或使用量（耗漆量）

涂布率是指单位质量（或体积）的涂料在正常施工情况下达到规定涂膜厚度时的涂布面积。单位是m^2/kg或m^2/L。

使用量（耗漆量）是指在规定的施工情况下，单位面积上制成一定厚度的涂膜所需的漆量。单位是g/m^2。

涂布率或使用量可作为设计和施工单位估算涂料用量的参考。在《GB/T 1758—79（89）涂料使用量测定法》中，测定的方法有刷涂法、喷涂法等。喷涂法所测得的数值不包括喷涂时飞溅和损失的漆，同时由于测定者手法不同造成涂刷厚度的差异，故所测数值只是一个参考值，现场施工时受施工方法、环境、底材状况等许多因素影响，实际消耗量会与测定值有差别。

4. 流平性

流平性是指涂料在施工之后，涂膜流展成平坦而光滑表面的能力。涂膜的流平是重力、表面张力和剪切力的综合效果。

在《GB/T 1750—79（89）涂料流平性的测定法》中规定了流平性的测定法，有刷涂法和喷涂法两种，以刷纹消失和形成平滑漆膜所需时间来评定，单位是min。美国ASTM D2801—69（81）的方法是用有几个不同深度间隙的流平性试验刮刀，将涂料刮成几对不同厚度的平行的条形涂层，观察完全和部分流到一起的条形涂层数，与标准图形对照，用0～10级表示，10级最好，完全流平，0级则流平性最差。此法适用于白色及浅色漆。ASTM D4062—81规定了检测水性和非水性浅色建筑涂料的流平性的方法。

5. 流挂性

液体涂料涂布在垂直的表面上，受重力的影响，部分湿膜的表面容易有向下流坠，形成上部变薄，下部变厚，严重的形成半球形（泪滴状）、波纹状的现象，这是涂料应该避免的。造成这样的原因主要有涂料的流动特性不适宜、湿膜过厚、涂装环境和施工条件不合适等。《GB/T 9264—88 色漆流挂性的测定》采用流挂仪对色漆的流挂性进行测定，以垂直放置、不流到下一个厚度条膜的涂膜厚度为不流挂的读数。厚度值越大，说明涂料越不容易产生流挂，抗流挂性好。

6. 涂膜厚度

测定漆膜厚度有各种方法和仪器，应根据测定漆膜的场合（实验室或现场）、底材（金属、木材等）、表面状况（平整、粗糙、平面、曲面）和漆膜状态（湿、干）等因素选择合适的仪器。

(1) 湿膜厚度的测定　应在漆膜制备后立即进行，以免由于溶剂的挥发而使漆膜变薄。《GB/T 1345.2—92》的方法 6 规定使用轮规和梳规测定的方法。ASTM D1212—79 中规定用轮规和 Pfund 湿膜计测定的方法。

(2) 干膜厚度的测定　测量干膜厚度，有很多种方法和仪器，但每一种都有一定的局限性。依工作原理大致可分为两大类：磁性法和机械法。

7. 遮盖力（对比率）

色漆均匀地涂刷在物体表面，通过涂膜对光的吸收、反射和散射，使底材颜色不再呈现出来的能力称为遮盖力。有湿膜遮盖力、干膜遮盖力两种情况。

《GB/T 1726—79（89）涂料遮盖力测定法》用遮盖单位面积所需的最小用漆量（单位是 g/m^2）表示湿膜遮盖力。

干膜遮盖力常用对比率来表示，我国等效采用 ISO 标准制定的《GB/T 9270—88 浅色漆对比率的测定　聚酯膜法》适用于测定在固定的涂布率（$20m^2/L$）条件下的遮盖力。

8. 可使用时间

这是双组分或多组分涂料的重要施工性能。测定时，将各组分在一定的容器中按比例混合，按照产品规定的可使用时间条件放置，达到规定的最低时间后，检查其搅拌难易程度、黏度变化和凝胶情况，并且涂制样板放置一定时间后与标准样板对比检查漆膜外观有无变化或缺陷产生。如没有异常现象，则认为“合格”。

三、涂膜性能检测

1. 涂膜外观

在室内标准状态下制备的样板干燥后，在日光下肉眼观察，检查漆膜有无缺陷，如刷痕、颗粒、起泡、起皱、缩孔等，并与标准样板对比。

2. 光泽

光线照射在平滑表面上，一部分反射，一部分透入内部产生折射。反射光的光强与入射光光强的比值称为反射率。漆膜的光泽就是漆膜表面将照射在其上的光线向一定方向反射出去的能力，也称镜面光泽度。反射率越大，则光泽越高。

漆膜表面反射光的强弱，不但取决于漆膜表面的平整度和粗糙度，还与漆膜表面对投射光的反射量的多少有关。而且，在同一个漆膜表面上，以不同入射角投射的光，会出现不同的反射强度。因此，必须先固定光的入射角，然后才能测量漆膜的光泽。日本标准 JIS Z 8741—1983 中规定不同入射角所应用的范围如下：

入射角	85℃	75℃	60℃	45℃	20℃
适用物品	涂膜	纸面及其他	塑料、涂膜	塑料	塑料、涂膜
适用范围	60°测定小于10%的表面				60°测定小于70%的表面

美国 ASTM D523 中规定：

入射角	85℃	60℃	20℃
适用范围	低光泽漆膜	一般光泽漆膜	高光泽漆膜

我国按《GB/T 1743—79（89）漆膜光泽测定法》测定光泽。

3. 鲜映性

鲜映性用来表示漆膜表面影像（或投影）的清晰程度，以 DOI 值表示（distinctness of image），测定的是涂膜的散射和漫反射的综合效应。常用来对飞机、精密仪器、高级轿车等的涂膜的装饰性进行等级评定。

鲜映性以数码表示等级。分为 0.1、0.2、0.3、0.4、0.5、0.6、0.7、0.8、0.9、1.0、1.2、1.5、2.0 共 13 个等级（即 DOI 值），数码越大，表示鲜映性越好。在 GB/T 13492—92 中对一些汽车面漆的鲜映性已有规定，要求达到 0.6～0.8。事实上，高档轿车涂膜的鲜映性要求在 1.0 以上，豪华轿车的 DOI 值要求在 1.2 以上。

4. 颜色

颜色是一种视觉，就是不同波长的光刺激人的眼睛之后，在大脑中所引起的反映。因此，涂膜的颜色是由照射光源、涂膜本身性质和人眼决定的。

测定漆膜颜色可按《GB/T 9761—88 色漆和清漆的目视比色》的规定进行。但由于受到色彩记忆能力和自然条件等因素的限制，不可避免会有人为误差。因此，《GB 11186.1.2 及 3—89 漆膜颜色的测量方法》规定用光电色差仪来对颜色进行定量测定，把人们对颜色的感觉用数字表达出来。

5. 硬度

硬度就是漆膜对作用其上的另一个硬度较大的物体的阻力。测定涂膜硬度的方法常用的有 3 类，即摆杆阻尼硬度法、划痕硬度法和压痕硬度法。3 种方法表达漆膜的不同类型阻力。

（1）摆杆阻尼硬度　通过摆杆横杆下面嵌入的两个钢球接触涂膜样板，在摆杆以一定周期摆动时，摆杆的固定质量对涂膜压迫，使涂膜产生抗力，根据摆的摇摆规定振幅所需要的时间判定涂膜的硬度，摆动衰减时间越长，涂膜硬度越高。《GB/T 1730—93 漆膜硬度的测定　摆杆阻尼试验》规定了相应的检测方法。

美国 ASTM D2134—66（80）所规定的斯华特硬度计（Sward rooker）与摆杆阻尼试验仪的原理相同。

（2）划痕硬度　划痕硬度即在漆膜表面用硬物划伤涂膜来测定硬度。常用的是铅笔硬度。《GB/T 6739—86　涂膜硬度铅笔测定法》中规定使用的铅笔由 6B 到 6H 共 13 级，可手工操作，也可仪器测试。

铅笔划涂膜时，既有压力，又有剪切作用力，对涂膜的附着力也有所规定，因此与摆杆硬度是不同的，它们之间没有换算关系。

（3）压痕硬度　采用一定质量的压头对涂膜压力，从压痕的长度或面积来测定涂膜的硬度。《GB/T 9275—88》及 ASTM D1474—68（79）中规定了相应的仪器及检测操作方法。

6. 冲击强度

冲击强度也称耐冲击性，用于检验涂膜在高速重力作用下的抗瞬间变形而不开裂、不脱落能力。它综合反映了涂膜柔韧性和对底材的附着力。

《GB/T 1732—79（88）漆膜耐冲击测定方法》规定，冲击试验仪的重锤质量是10000g，冲头进入凹槽的深度为2mm，凹槽直径15mm，重锤最大滑落高度50cm。由于所用重锤质量是固定的，所以检验结果以cm表示。各国的冲击试验仪形状基本相同，但重锤质量、冲头尺寸和高度有所不同，其中ISO 6272—1993的重锤1kg、高度1m，并且称为落锤试验。

试验后可采用4倍放大镜观察有无裂纹和破损。对于极微细的裂纹，可用$CuSO_4$润湿15min，然后看有无铜锈或铁锈色，以便于观察。

7. 柔韧性

当漆膜受外力作用而弯曲时，所表现的弹性、塑性和附着力等的综合性能称为柔韧性。

GB/T 1731—93柔韧性测定器有一套粗细不同的钢制轴棒。作180°弯曲，检查漆膜是否开裂，以不发生漆膜破坏的最小轴棒直径表示。轴棒共7个，直径分别是1mm、2mm、3mm、4mm、5mm、10mm、15mm。

此外，还有GB/T 6742—86中的圆柱轴和GB/T 11185—89中的锥形轴等检测仪器。腻子的柔韧性则按《GB/T 1748—79（89）腻子膜柔韧性测定法》测定。

8. 杯突试验

杯突试验也称顶杯试验或压陷试验，用于检测涂层抗变形破裂的能力，是涂膜塑性和底材附着力的综合体现。可衡量涂膜在成型加工中不开裂和没有损坏的能力。是卷钢涂料、罐头涂料等产品必不可少的测试项目。

GB/T 9753—88和ISO 1520中规定的杯突试验机压头为ϕ20mm的钢制半球，检测时以（0.2±0.1）mm/s的速度移动压头，直至涂层出现开裂，读取相应的压陷深度(mm)。

9. 附着力

附着力是涂膜对底材表面物理和化学作用而产生的结合力的总和。

目前测定漆膜附着力的方法有以下几种。

（1）划格法　用规定的刀具纵横交叉切割间距为1mm的格子，格子总数为55个，然后根据《GB/T 9286—88色漆和清漆　漆膜的划格试验》规定的评判标准分级，0级最好，5级最差。但ASTM D 3259—78中的B法的分级方法与我国国家标准相反，5级最好，0级最差。而德国DIN 53151标准则与国标一致。

（2）划圈法　GB/T 1720—79（89）中规定，用划圈附着力测定仪，施加载荷至划针能划透漆膜，均匀地划出长度7.5cm±0.5cm，依次重叠的圆滚线图形，使漆膜分成面积大小不同的7个部位，若在最小格子中漆膜保留70%以上，则为1级，最好，依次类推，7级最差。

（3）拉开法　在《GB/T 5210—85　涂层附着力的测定　拉开法》中有所规定，即用拉力试验机，测定时夹具以10mm/min的速度进行拉伸，直至破坏，考核其附着力和破坏形式。附着力按下式计算

$$P=G/S$$

式中　P——涂层的附着力，Pa；

G——试件被拉开破坏时间的负荷值，N；

S——被测涂层的试柱横截面面积，cm^2。

破坏形式有 4 种：A——附着破坏、B——内聚破坏、C——胶黏剂破坏、D——胶结失败。

10. 耐磨性

耐磨性是涂层抵抗机械磨损的能力，是涂膜的硬度、附着力和内聚力的综合体现。国标 GB/T 1768—79（89）规定用 Taber 磨耗仪，在一定的负荷下，经一定的磨转次数后，以漆膜的失重表示其耐磨性。失重越小，则耐磨越好。这种方法与实际的现场磨耗结果有良好的关系，因此适用于经常受磨损的路标漆、地板漆的检测。

11. 抗石击性

又称石凿试验，是模仿汽车行使过程中砂石冲击汽车涂层的测试，用于了解涂膜抵抗高速砂石的冲击破坏能力，是针对汽车漆而开发的漆膜检测项目。检测时，将粒径 4～5mm 钢砂用压缩空气吹动喷打被测样板，每次喷钢砂 500g，在 10s 内以 2MPa 的压力冲向样板，重复 2 次，然后贴上胶带拉掉松动的涂膜，将破坏情况与标准图片比较，0 级最好，10 级最差。

ASTM D3170—87 中则规定，用 9.6～16mm 砂石，每次使用 550ml，空气压力为 480kPa±20kPa。

12. 打磨性

打磨性是指涂层经砂纸或乳石等干磨或湿磨后，产生平滑无光表面的难易程度。

对于底漆和腻子，它是一项重要的性能指标，具有实用性。《GB/T 1770—79（89）底漆、腻子膜打磨性测定法》中，用 DM-1 型打磨性测定仪自动进行规定次数的打磨，在相同的负荷和均匀的打磨速度下，结果具有可信性。

13. 重涂性和面漆配套性

重涂性是指在涂膜表面用同一涂料进行再次涂刷的难易程度和效果。在干燥后的漆膜上按规定进行打磨后，按规定方法涂同一种涂料，在产品要求的厚度下，检查涂饰的难易程度，涂饰后对光目测涂膜状况，并在规定时间干燥后检查涂膜有无缺陷，必要时检测附着力。

面漆配套性是底漆的测定项目，其意义和测定方法与重涂性相似。

14. 耐码垛性

又称耐叠置性、堆积耐压性。是指涂膜在规定条件下干燥后，两个涂漆表面或一个涂漆表面与另一个物体表面在受压条件下接触放置时涂膜的耐损坏能力。这是涂膜的使用期间检测项目。GB/T 9280—88 规定了检测方法。

15. 耐洗刷性

耐洗刷性是测定涂层在使用期间经反复洗刷除去污染物时的相对磨蚀性。如建筑涂料，特别是内墙涂料，易被弄脏，需要擦洗，耐洗刷性就是这种性能的考核指标。相应的国标是《GB/T 9266—88 建筑涂料　涂层耐洗刷性》。

16. 耐光性

涂膜受到光线照射后保持其原来的颜色、光泽等光学性能的能力称为耐光性。可以从保光性、保色性和耐黄变性等几方面进行检测。

（1）保光性　将制好的样板遮盖住一部分，在日光或人造光源照射一定时间后，比较照射部分与未照射部分光泽，可以得到漆膜保持其原来光泽的能力。

（2）保色性　漆膜被照射部分与未照射部分比较，保持原来颜色的能力。

(3) 耐黄变性　将试样涂于磨砂玻璃上，干燥后放入装有饱和硫酸钾溶液的干燥器内，一定时间后，测定颜色的三刺激值 X，Y，Z，然后计算泛黄程度

$$D=(1.28X-1.06Z)/Y$$

17. 耐热性、耐寒性、耐温变性

都是表示漆膜抵抗环境温变的能力，但适用的产品不同。

(1) 耐热性　用于检测被使用在较高温度场合的涂料产品，经规定的温度烘烤后，漆膜性能（如光泽、冲击、耐水性等）的变化程度。

(2) 耐寒性　常用于检测水性建筑涂料的涂膜对低温的抵抗能力。

(3) 耐温变性　则是指涂膜经受高温和低温急速变化情况下，抵抗被破坏的能力。

18. 电绝缘性

电绝缘性是绝缘漆的重要性能项目，包括涂膜的体积电阻、电气强度、介电常数以及耐电弧性等内容。检测标准有：

①《GB/T 1736—79（89）绝缘漆膜的制备法》；

②《GB/T 1737—79（89）绝缘漆漆膜吸收率测定法》；

③《GB/T 1738—79（89）绝缘漆漆膜耐油性测定法》；

④《HB/T 2-57—80（85）绝缘漆漆膜击穿强度测定法》；

⑤《GB/T 2-59—78（85）绝缘漆漆膜表面电阻及体积电阻系数测定法》；

⑥《HG/T 2-60—80（85）绝缘漆耐电弧性测定法》。

19. 耐水性

耐水性测定方法大致有以下几种。

(1) 常温浸水法　这是最普遍的方法，详见国家标准《GB/T 1733—93》。

(2) 浸沸水法　将样板的 2/3 面积浸泡在沸腾的蒸馏水中，规定时间，检查起泡、生锈、失光、变色等破坏情况。

(3) 加速耐水性　GB/T 5209—85 中规定，用 40℃±1℃的流动水，并对水质作了规定，与常温浸水法比，其加速倍率约 6～9 倍，大大缩短了检测时间，提高了测试效率。

20. 耐盐水性

采用 3%的 NaCl 溶液代替水，可以测定漆膜的耐盐水性，GB/T 1763—79（89）中也有加温耐盐水性法。

21. 耐石油制品性

《GB/T 1734—93 漆膜耐汽油性测定法》中有浸汽油和浇汽油两种方法，常用汽油是 120# 溶剂汽油。

其他还有耐润滑油性、耐变压器性，测试方法类似。

22. 耐化学品性

主要检测方法有以下几种。

(1) 耐酸性、耐碱性　有《GB/T 1763—79（89）漆膜耐化学试剂性测定法》、《GB/T 9274—88 色漆和清漆　耐液体介质的测定》、《GB/T 9265—88 建筑涂料 涂层耐碱性的测定》。

(2) 耐溶剂性　除另有产品规定外，通常按 GB/T 9274—88 中的浸泡法进行。

(3) 耐家用化学品性　可按 GB/T 9274—88 的方法检验，常用家用化学品有洗涤剂、酱油、醋、油脂、酒类、咖啡、茶汁、果汁、芥末、番茄酱、化妆品（如口红）、墨水、

润滑油、药品（碘酒等）。

23. 耐湿性

耐湿性是指漆膜受潮湿环境作用的抵抗能力。等效采用 ISO 6270—1980 标准的 GB/T 13893—92 中规定采用耐湿性测定仪，样板放于仪器的顶盖位置，仪器的水浴温度控制在 (40±2)℃，保持试板下方 25mm 空间的气温为（37±2)℃，使涂层表面连续处于冷凝状态，因此称为连续冷凝法。ASTM D4585—92 也是采用连续冷凝法。

日本 JIS K5661—1970 中则规定温度 20℃±3℃，湿度约 90%，垂直放置一定时间。

24. 耐污染性

对于建筑涂料，一般用一定规格的粉煤灰与自来水，配比为 1∶1，然后均匀涂刷在漆膜表面，规定时间后用合适的装置冲击粉煤灰，一定的循环周期后，测定涂膜的反射系数下降率，下降率越小，则耐污染性越好。

25. 盐雾试验

在近海地区，大气都含有盐雾，这是海水的浪花和海浪击岸时泼散成的微小水滴经气流输送而形成的。由于盐雾中的氯化物如 NaCl、$MgCl_2$ 有吸潮性能和氯离子的腐蚀性，对金属制品产生强烈的腐蚀作用，因此，沿海地区的防护要求更严格。而防腐蚀保护研究方面，人们一直采用盐雾试验来作为人工加速腐蚀试验的方法。

盐雾试验有中性盐雾试验和醋酸盐雾试验。

中性盐雾按 GB/T 1771—91 规定，水溶液浓度为 50g/L±10g/L，pH 值 6.5～7.2，温度为 35℃±2℃，试板以 25°±5°倾斜。被试面朝上置于盐雾箱内进行连续喷雾试验，每 24h 检查一次，至规定时间取出，检查起泡、生锈、附着力等情况。ISO 7253，ASTM B117 等标准也是中性盐雾。

醋酸盐雾试验是为了提高腐蚀实验效果（GB 10125—88)，盐雾的 pH 值为 3.1～3.3，也有在乙酸盐水中加入 $CuCl \cdot 2H_2O$ 改性醋酸盐雾实验，进一步加快了腐蚀试验速度，参见 ASTM G43—75 (80)。

26. 大气老化试验

大气老化试验用于评价涂层对大气环境的耐久性，其结果是涂层各项性能的综合体现，代表了涂层的使用寿命。

按 GB/T 1767—89 规定，暴晒场地应选择在能代表某一气候最严酷的地方或近似实际应用的环境条件下建立，如沿海地区、工业区等。暴晒地区周围应空旷，场地要平坦，并保持当地的自然植被状态，而且沿海地区暴晒地应设在海边有代表性的地方，工业气候暴晒场设在工厂区内。

远离气象台（站）的暴晒场应设立气象观测站，记录紫外线辐射量、腐蚀气体种类与含量或氯化钠含量等。

暴晒试板的朝向可分为朝南 45°、当地纬度、垂直角及水平暴露等方式。试板暴晒后，可按 GB/T 1767—79 (89)、GB/T 9267—88 等标准进行检查评定，评定标准有《GB/T 1766—79 (89) 漆膜耐候性评级方法》和《GB/T927T.125—88 色漆涂层老化的评价》及《GB/T 14836—93 色漆涂层粉化程度的测定方法及评定》等。

27. 人工加速老化试验

人工加速老化试验就是在实验室内人为地模拟大气环境条件并给予一定的加速性，这样可避免天然老化试验时间过长的不足。

GB/T 1865—89 规定采用 6000W 水冷式管状氙灯。试板与光源间距离为 350～400mm，试验室空气温度 45℃±2℃，相对湿度 70%±5%，降雨周期为 12min/h，也可根据试验目的和要求调整温度、湿度、降雨周期和时间。

美国较多地采用 QUV 加速老化试验进行人工老化试验，紫外光源主辐射峰为 313nm，有氧气和水汽辅助装置，试验速度快，适合于配方筛选。

28. 其他方面

在越来越严格的环保法规管理下，对涂料中污染环境、危害健康的挥发性气体和有毒物质（如重金属）的含量也必须进行检测，尤其是用于食品包装、儿童玩具上的涂料。

此外，随着涂料品种的发展，表示涂料性能的具体项目还会逐渐增加，并且会更加接近于涂料的实际性质。

【阅读材料】

涂膜缺陷

在涂料施工中，由于覆盖不完全会造成明显薄点或孔，常称为漏涂点。在施工中还会产生许多其他的缺陷或不完整。

1. 流挂

在垂直表面上的湿膜，重力使其向下流（流挂）。由于各处厚度不同，导致流挂程度不同，形成幕状或褶皱的漆膜。

流挂的驱动力是重力。湿膜密度是影响流挂的一个因素，因而应避免用密度大的惰性颜料，但配方中能控制密度的幅度不大；避免涂得厚，但遮盖力又决定着最低的厚度。所以可控制的变量主要是黏度了。流挂倾向可通过观察模拟现场施工条件漆膜的行为来评估。但评估流挂程度不能数字化。

2. 回缩、缩孔及相关缺陷

当表面张力较高的涂料涂覆于表面自由能比之较低的底材上时，这种涂料将不能润湿该底材。施工中的机械力可能将湿膜展布在这表面上，但因为未曾润湿，所以表面张力将湿膜拉成球状。此时，溶剂在挥发，黏度在增大，所以在被拉成球之前，黏度已高到使流动基本停止。这样形成不均一的膜厚，有些地方即使有涂层也很薄，贴近处涂层却过分厚。这行为一般称为回缩。

助剂可以用来减少缩孔。常用少量硅油、丙烯酸辛酯共聚物来减少缩孔，可将表面张力降低到大多数会引起缩孔杂物的表面张力以下。如果整个表面是均一的低张力表面，那么就不再有表面张力流动了。

3. 发花和浮色

锤纹漆在漆膜干燥中，漆膜由于颜料分布不均匀而产生发花和浮色两个相关的缺陷。

浮色是指表面颜料是一致的，但与应有的不一样。例如一个均一的灰漆，但比应有的深些。浮色随施工条件的不同而程度不一，使同一物体用同一涂料而有不同颜色。浮色是由于一种或几种颜料在表面上富集而造成的。

涂料中至少含有两种颜料，发花才明显。一般总是不希望发生发花，但有些配方者有意识地利用存在的问题，诱导发花而制成美观的涂料，称为锤纹漆，它的图案像用圆头锤子在金属板上敲击出来的花纹。锤纹漆曾一度大量使用，尤其是铸铁件上来掩盖粗糙的表面。这种涂料含有大颗粒非浮型铝粉和细颗粒透明的颜料分散体，一般是酞菁蓝。取得锤纹效果方法之一是，先喷涂蓝色铝粉漆，然后喷溅少量的溶剂在湿膜上。

4. 起皱和皱纹漆

起皱是指漆膜表面皱成许多小丘和小谷。有些细得肉眼看不出，只是光泽低而不是皱。然而放大后可见到表面还是有光的，只是起皱。有些皱纹宽、粗，肉眼清楚可见。皱纹的形成是湿膜表层已成高黏度而底层仍然有一定流动性，这是由于溶剂从表层发挥得快，随后才从底层挥发。也可能是表层交联比底层快。底层溶剂的后挥发或后固化都会造成收缩，这收缩将表层粒成皱纹图样。膜厚比膜薄更易起皱，因为发生反应速度和溶剂挥发差别的机会随厚度而增大。

虽然在许多情况下，起皱是不希望的，然而有些配方者将缺点转为优点，皱纹漆曾在许多年大量使用于办公设备，与锤纹漆一样，皱纹漆用来掩盖不平的金属铸件，目前由于模塑塑料件替代了许多金属铸件，所以其用量下降了。

5. 起泡和爆孔

漆膜近表面处形成了气泡称为起泡（blistering）；气泡在漆膜表面破裂而未流平为爆孔（popping）。这种现象发生于湿膜表层黏度已增到高水平而底层还留有挥发物。假使表面黏度很高，溶剂的气泡上升到表层而不破裂，这就是起泡。假使表层黏度足够的高，溶剂的气泡可破裂而不能流平，这就是爆孔。很细小的爆孔有时称为针孔。

爆孔和起泡发生在晾干起始时，湿膜表层挥发较为快速，使表层黏度比富有溶剂的底层高。进入烘道，在底层的溶剂逸出所形成的气泡不能容易地穿过高黏度的表层。当温度再度升高，气泡膨胀，最终穿过表层而破裂成爆孔。此时，湿膜黏度已高到不可流动来弥合爆孔。爆孔也会由陷入湿膜的空气泡造成。假使湿膜表层是高黏度，空气泡可留在湿膜内进烘道，进烘道后受到更高温度而膨胀就会穿过表层而破裂。在喷涂和辊刷涂水性涂料时更易将空气泡陷入。

爆孔的概率随膜厚增大而增加。因为膜厚的增大造成溶剂含量有梯度的机会增大。

6. 起泡沫

在制造或施工涂料中，总是要搅拌，从而混入了空气，这就给泡沫形成了机会。泡沫在湿膜中会导致针孔或爆孔，水性涂料用喷涂施工，特别是无空气喷涂或手工辊涂时，这个问题更为严重。泡沫的形成会产生大量的表面积，表面张力越低，产生给定量泡所需的能量越少。然而，泡沫在纯的低黏度液体中是不稳定的，并几乎立即破裂，必须有某些物质的存在来稳定泡沫。水的表面张力高，它应该不容易产生泡沫。当有许多成分加入时，就会快速地移向气泡表面来稳定它，气泡在水中就较容易稳定了。

许多种助剂可以用来破裂气泡。假使气泡表面上有一小点的表面张力低下来，则这小点上的液体就流向邻近较高表面张力处，试图将它覆盖住。气泡壁本来是薄的，物质外流，则壁更薄且更弱，所以小点处就会破裂。

7. 垃圾

漆膜表面常见缺陷是垃圾，是所有缺陷最常见的。落在刚施工好湿膜上的固体颗粒种类很多，砂磨屑、地坪垃圾、揩布或操作者衣服上来的纤维和烘道垃圾等。要防止垃圾需要清洁的物料、清洁的涂料和清洁的喷料工场。最好与其余工场隔绝。喷涂室供应的空气和喷枪必须清洁，尽量不打砂，涂装前清除砂磨屑。烘道应仔细地并经常清洁。用无毛的保护衣和揩布来减少短毛杂物。在某些施工上，这些注意事项可能无法执行，那么快干将是解决这一问题的好办法。

思 考 题

1. 黑色金属表面处理有哪几种方法？每种各有几个步骤？
2. 涂料的涂布方法有哪些？
3. 涂膜的干燥方法有几种？干燥过程可分为哪几个阶段？
4. 涂料的施工过程可分为哪几个步骤？
5. 原漆性能检测主要测试哪些性能指标？
6. 涂膜性能检测主要测试哪些性能指标？

第六章　涂料工业的发展趋势

【学习目标】 了解涂料工业的行业发展和技术发展的趋势。

世界涂料工业发展，正在本着力求符合“4E”原则的方向发展，即经济（economy）、效率（efficiency）、生态（ecology）、能源（energy）。随着社会的发展和科技的进步，人们生活水平的不断提高，环境保护的意识逐渐增强，对资源的利用越来越珍惜，对涂装产品质量要求越来越高，多方面因素促进涂料工业朝着高性能、高保护、低污染、低消耗的方向发展。

第一节　涂料工业的行业发展趋势

科技水平的不断提高，为涂料工业提供了多种新型原材料和技术装备，促使涂料工业的生产水平和技术水平得到迅速提高。目前使用涂料最广泛的航空、造船、车辆、机械、电器制造、电子工业等部门，都在高速发展，这就对作为保护、装饰材料的涂料产品提出了更高要求。如航空工业要求涂料工业提高适应超音速飞行，具有高度耐磨性、耐高温性和耐骤冷性和耐热的涂料品种；空间技术方面要求提供耐几千度高温，耐宇宙射线辐射的涂料；电子工业要求耐高温的绝缘材料；造船工业要求具有高度耐腐蚀和使用寿命更长的船舶涂料，如长效无毒的船底防污涂料等；汽车工业要求提供适应在提高行驶速度和在各种气候环境下，都具有优良保护、装饰性能的涂料；石油化工、机械制造等方面要求提供高度耐化学品腐蚀的涂料等。

我国的涂料工业今后将有四大发展趋势。一是企业向专业化、规模化、集团化方向发展；二是产品向高科技含量、高质量、多功能方向发展；三是品种向环保型、节能型方向发展，其中低污染、低能耗、水性化、高固含量、粉末化乃是今后涂料产品的发展方向；四是产品逐步走出国门，参与国际竞争，将与“洋涂料”一决雌雄。我国涂料工业是一个极具发展潜力的产业，前景十分广阔。只有不断优化涂料工业的技术结构、产品结构和企业组织结构，通过技术创新、管理创新和品牌创新来全面提速我国涂料工业的发展速度，才能使我国涂料工业由大变强、靠新出强，为国民经济和城乡建设的发展做出更大的贡献。

世界涂料行业有一个明显的特征：为达到全球合理化经营目的，世界级大公司纷纷通过战略购并、合作合资形成市场一体化的规模效应。世界最大的涂料公司之一阿克苏-诺贝尔公司就是由荷兰阿克苏公司和瑞典诺贝尔公司合并组建而成的。美国宣威公司以8.3亿美元收购赫顿公司后，又相继收购了智利和巴西两家涂料公司。阿克苏-诺贝尔公司最近又实施业务兼并，收购了包括英国Plascon公司在内的涂料公司，并拟兼并荷兰SigmaKalon公司。SigmaKalon公司是阿托菲纳公司的涂料业务部门，该公司在欧洲是仅次于阿克苏的第二大的装饰用涂料生产商。通过购并重组，增强实力，阿克苏-诺贝尔公司将进一步拓展其在美国和亚洲的涂料业务。最近，阿克苏-诺贝尔公司和罗姆-哈斯公司又通过收购美国弗鲁（Ferro）公司总价值1.6亿美元的粉末涂料业务，强化其在全球涂料业务的竞争地位。弗鲁公司是世界第5位粉末涂料生产商，弗鲁公司以7300万美元将其美国和亚洲粉末涂料业务出让给阿克苏-诺贝尔，该公司在美国和亚洲2001年的销售额为1亿美元，业务包括美国田纳西州和俄亥俄州生产装置以及在中国宁波和韩国蔚山的生产装置。另外，弗鲁以6000万美元将其欧洲业务出让给罗姆-哈斯公司，欧洲业务年销售额8000万美元，包括英国、德国和西班牙的生产装置。这种收购、兼并、整合已成为一种趋势，也有向发展中国家蔓延的趋向。这种趋势的直接结果是大企业的优势产品更具垄断和竞争性。阿克苏-诺贝尔公司是最大的涂料生产商，年销售额达56亿欧元。该公司计划在今后5年内使其涂料销售额翻番，包括与其他涂料公司组建合资企业。

加快研究开发、不断推出新品是当今涂料世界持续发展的主流。罗姆哈斯公司Morton粉末涂料分部与Cyctics公司最近组建研发联合体，开发低黏度粉末涂料配方，将采用Cyctics公司环丁烯对苯二甲酸酯（CBT）树脂生产薄层热塑性涂料。CBT的黏度低，可用于较薄的热塑性涂层，此外，CBT的涂料无排放污染，有工程塑料的韧性。Morton公司将致力于研制带有先进功能特征的粉末涂料配方，将CBT树脂推向粉末涂料市场。维纳公司在中国市场推出德国盾牌陶瓷隔热涂料，这种德国盾牌陶瓷隔热涂料（Thermo-Shield）由极微小的真空陶瓷微球和与其相适应的环保乳液组成水性涂料。它与墙体、金属、木质品等基体有较强的附着力，直接在基体表面涂抹0.3mm左右，即可达到隔热保温的目的。

当今的涂料产品广泛以石油工业、炼焦工业、有机合成化学工业等部门的产品为原料，品种越来越多，应用范围也不断扩大，涂料工业成为化学工业中一个重要的独立生产工业部门。

第二节　涂料工业的技术发展趋势

世界工业涂料向环保型涂料方向发展的趋势已经形成，传统的低固体分涂料由于存在大量有害溶剂挥发物，受到世界各国VOC法规限制，产量将逐渐下降，最终将逐步被淘汰，其占有率将由2000年的30.5%下降到2010年的7%，而无污染、环保型的水性涂料、粉末涂料、高固体分涂料等将成为涂料的主角。

国外大涂料公司借助先进的生产技术能力和水平，不断研发出性能优良、品种齐全的新产品。

一方面，采用先进的聚合物生产技术。在聚合物乳液合成上，采用无表面活性剂的自乳化技术，采用其他特定的聚合技术使多种不同单体组成的聚合物呈层状结构存在于同一胶粒中，从而达到调节T_g、保证产品性能的目的，使产品既具有一定的硬度、耐污染性，又使施工易于进行。另外，通过定向聚合、辐射聚合、互穿网络聚合等制得聚合物乳液来改进涂料的性能和增加使用功能。

再一方面，采用高自动化水平的涂料生产工艺。国外涂料生产控制基本上实现了电脑控制现代化，液体输送实现了管道化，固体物料已采用气动和机械输送及计量自动控制。

另外，运用先进的涂料检测技术。国外对于涂料性能的评价已不再单凭外观、颜色、光泽、硬度、冲击等宏观检测，而且将射线分析、X射线光电子光谱仪、自动电子光谱仪、离子微分析仪、富里埃变换红外光谱仪、紫外光谱仪、核磁共振、色差计等现代化仪器用于涂膜性能测试，深入到了内部组成结构和界面状态等微观检测。此外，还采用椭圆对称仪、综合腐蚀速率测定仪、超声波显微镜对涂膜进行非破坏性测定。

正是以上这些先进的技术促使了生产的规模化、高效率、高质量以及涂料研究的发展。

目前涂料研究的方向，其一是涂料应用的自动化，所提供的产品施工简便和安全，特别是产品涂刷的自动化；其二是向环保型涂料方向发展；其三是增加新的组成成分，使涂料在涂后发生新的化学变化而构成涂膜，以及将由一次施工只能得到薄涂层转变为得到厚涂层，涂膜层数也将由繁琐的多道配套简化为简单施工，涂膜的干燥过程也将利用各种物理、化学反应而大大缩短。世界工业涂料总体技术的发展见表 6-1。

表 6-1　世界工业涂料总体技术的发展 /%

工艺技术	1995 年	2000 年	2005 年	2015 年
低固体溶剂型涂料	39.5	30.5	15.0	7.0
高固体溶剂型涂料	12.5	12.0	10.0	8.5
水性电泳涂料	8.5	10.0	15.5	17.0
其他水性涂料	14.0	16.0	19.0	22.5
活性体系涂料	14.0	15.0	16.5	17.5
粉末涂料	8.0	12.0	17.5	20.0
辐射固化涂料	3.5	4.5	6.5	7.5

一、水性涂料研究进展

由于水性涂料的优越性十分突出，因此，近十年来，水性涂料在一般工业涂料领域的应用日益扩大，已经替代了不少惯用的溶剂型涂料。随着各国对挥发性有机物及有毒物质的限制越来越严格，以及树脂和配方的优化和适用助剂的开发，预计水性涂料在用于金属防锈涂料、装饰性涂料、建筑涂料等方面替代溶剂型涂料将取得突破性进展。在水性涂料中，乳胶涂料占绝对优势，如美国的乳胶涂料占建筑涂料的 90%。乳胶涂料的研究成果约占全部涂料研究成果的 20%。近年来，对金属用乳胶涂料作了大量研究并获得了十分可喜的进展，美国、日本、德国等国家已生产出金属防锈底、面漆，在市场上颇受欢迎。热塑性乳胶基料常用丙烯酸聚合物、丙烯酸共聚物或聚氨酯分散体，通过大分子量的颗粒聚结而固化成膜。乳胶颗粒的聚结性关系到乳胶成膜的性能。近几年来，着重于强附着性基料和快干基料的研制，以及混合树脂胶的开发。一般水性乳胶聚合物对疏水性底材（如塑料和净化度差的金属）附着性差。为提高乳胶附着力，必须注意乳胶聚合物和配方的设计，使其尽量与底材的表面接近，并精心选择合适的聚结剂，降低水的临界表面张力，以适应临界表面张力较低的市售塑料。新开发的聚合物乳胶容易聚结，聚结剂用量少也能很好的成膜，现已在家具、机器和各种用具等塑料制品上广泛应用。新研制的乳胶混合物弥补了水稀释性醇酸/刚性热塑性乳胶各自的不足，通过配方设计，已解决了混溶性和稳定性差的问题。

目前，研究较多的方向有成膜机理的研究和施工应用的研究。成膜机理方面的研究主要是改善涂膜的性能；施工应用的研究主要是使产品的施工应用达到环保、安全、简单、快洁、自动化等。

水性涂料代表着低污染涂料发展的主要方向。为了不断改善其性能，扩大其应用范围，近半个世纪以来国内外对水性涂料进行了大量的研究，其中无皂乳液聚合、室温交联、紫外光固化以及水性树脂的混合是目前该领域研究的热点，并将成为水性涂料发展的关键技术。

二、粉末涂料

在涂料工业中，粉末涂料属于发展最快的一类。由于世界上出现了严重的大气污染，环保法规对污染控制日益严格，要求开发无公害、省资源的涂料品种。因此，无溶剂、100％地转化成膜、具有保护和装饰综合性能的粉末涂料，便因其具有独有的经济效益和社会效益而获得飞速发展。

粉末涂料是一种由树脂、颜料、填料及添加剂等组成的粉末状物质，其中作为主要成膜物质的树脂组分可以是一种树脂及其固化系统也可以是几种树脂混合物。粉末涂料的主要品种有环氧树脂、聚酯、丙烯酸和聚氨酯粉末涂料。近年来，芳香族聚氨酯和脂肪族聚氨酯粉末以其优异的性能令人注目。随着科学技术的迅速发展，粉末涂料的类型和品种与日俱增，目前正在向制造工艺超临界流体化、色彩多样化、专用产品高端化、涂装薄膜化四化方向发展。

三、高固体分涂料

在环境保护措施日益强化的情况下，高固体分涂料有了迅速发展。其中以氨基、丙烯酸和氨基-丙烯酸涂料的应用较为普遍。近年来，美国 Mobay 公司开发了一种新型汽车涂料流水线用面漆。这种固体分高、单组分聚氨酯改性聚合物体系，可用于刚性和柔性底材上，并且有优异的耐酸性、硬度以及颜料的捏合性。采用脂肪族的多异氰酸酯如 Dsemodur N 和聚己内酯，可制成固体分高达100％的聚氨酯涂料。该涂料各项性能均佳，施工方法普通。用 Dsemodur N 和各种羟基丙烯酸树脂配制的双组分热固性聚氨酯涂料，其固体含量可达 70％以上，且黏度低，便于施工，室温或低温可固化，是一种非常理想的装饰性高固体分聚氨酯涂料。

中国科学院成都有机化学研究所刘白玲教授领导的课题组于 2003 年 12 月在超高固体分涂料研究中取得重大成果。他们采用新型分子设计和独特的合成技术，开发出固含量在90％以上的醇酸树脂和固含量在 80％以上丙烯酸树脂涂料的工业化技术。

与传统溶剂型涂料相比，超高固体分涂料有如下特点：其一，可节约大量有机溶剂，若以 85％的超高固体分涂料替代目前固含量为 55％的普通涂料，以我国现有年产量计，每年可节约有机溶剂近百万吨；其二，超高固体分涂料的使用，大大降低了有机溶剂对环境的污染和对人们健康的危害；其三，有机溶剂是造成涂料生产过程中毒与火灾事故的主要原因，而超高固体分涂料的生产基本实现了无溶剂操作；其四，能够提高施工效率、降低涂饰成本；其五，可使用传统的设备来生产和使用高固体分涂料，基本上不需要重新投资建设生产厂和施工设施。

四、光固化涂料

辐射固化技术从辐射光源和溶剂类型来看可分为紫外（UV）固化技术、非紫外光固化技术、油性光固化技术、水性光固化技术。

辐射固化技术产品中 80％以上是紫外线固化技术（UVCT)。随着人类环保意识的增强，发达国家对涂料使用的立法越来越严格，在涂料应用领域，辐射固化取代传统热固化必将成为一种趋势。在近几十年中，该领域的发展非常迅猛，每年都在以 20％～25％速度增长。

光固化是一种快速发展的绿色新技术，从20世纪70年代至今，辐射固化技术在发达国家的应用越来越普及。其和传统涂料固化技术相比，辐射固化具有节能无污染、高效、适用于热敏基材、性能优异、采用设备小等优点。

光固化涂料也是一种不用溶剂、很节省能源的涂料，主要用于木器和家具等。在欧洲和发达国家的木器和家具用漆的品种中，光固化型市场潜力大，很受大企业青睐。光固化涂料主要是木器家具流水作业的需要，美国现约有700多条大型光固化涂装线，德国、日本等大约有40%的高级家具采用光固化涂料。最近又开发出聚氨酯丙烯酸光固化涂料，它是将有丙烯酸酯端基的聚氨酯低聚物溶于活性稀释剂（光聚合性丙烯酸单体）中而制成的。它既保持了丙烯酸树脂光固化涂料的特性，也具有特别好的柔性、附着力、耐化学腐蚀性和耐磨性。主要用于木器家具、塑料等的涂装。

目前，在我国，光固化技术作为一种面向21世纪绿色工业的新技术，在国民经济许多部门的应用越来越广泛，在纸张、木器、塑料、金属、光盘光纤等基材上获得很好应用，增长速度惊人。

五、防腐涂料

防腐涂料总的发展趋势是在现有涂料的成果基础上，遵从无污染、无公害、节省能源、经济高效的原则发展高性能、多功能的防腐产品。

1. 绿色化

防腐涂料是涂料的重要品种。受石油资源及环保法规对挥发性有机物质（VOC）及有害空气污染物（HAPs）的限制等因素影响，世界防腐涂料工业在不断提高性能的同时，正迅速向绿色化方向发展。涂料工作者以无污染、无公害、节省能源、经济高效为原则，开发无公害或少公害及防腐性能优异的涂料品种。目前提倡的防腐涂料技术整体设计的无公害化即指在研发时应考虑到涂料自身的各个组成部分（成膜物质、防腐颜料、溶剂及助剂）、原材料的合成及涂料生产过程、基材预处理过程、施工过程等整体的无公害化。

体积固含量在60%或质量固含量在80%以上的涂料称为高固体分涂料。随着全球环保要求日益增高，高固体分涂料成为近几年来低污染涂料中发展最快、应用最广的品种，目前已有向固含量100%即无溶剂涂料推进的趋势。无溶剂涂料又称活性溶剂涂料，由合成树脂、固化剂和带有活性的溶剂制成，配方体系中的所有组分除很少量挥发外，都参与反应固化成膜，对环境污染少。无溶剂体系通常黏度较高，需采用特殊的施工工具和工艺，尚在发展之中。粉末涂料是一种省能源、省资源、低污染的涂料，其利用率高达95%～99%，近年发展很快。在防腐工程上常用的是环氧粉末涂料。管道防腐用环氧粉末涂料是一种完全不含溶剂、以粉末形态喷涂并熔融成膜的新型涂料。

随着人们环保意识的不断提高和环保法规的日趋严格，水性涂料将成为21世纪世界涂料市场的主角，目前在我国也拥有巨大的市场。其中可由水性工业防腐涂料替代溶剂型涂料，广泛应用在石油、化工、汽车、火车、船舶、冶金、五金交电、电力、建筑等各个领域。既可减少资源浪费获得巨大的经济效益，又有极好的环境效益。无机富锌涂料是水性防腐涂料的重要品种，主要用作底漆，具有优异的防腐性能。

2. 高性能及多功能化

近年来，我国工业防腐涂料在传统防腐涂料的基础上开发了许多性能优良的新型防腐涂料，如高固体分涂料、长效防腐涂料、鳞片防腐涂料、粉末涂料、无溶剂涂料、水性防腐蚀涂料、含氟涂料等。此外，也开发了一些特种防腐涂料品种如高温防腐涂料、抗静电涂料、高弹性涂料、无毒涂料等。

六、建筑涂料技术的新进展

1. 建筑涂料的发展趋势

建筑涂料是涂料工业的重要支柱。美国是涂料工业发达国家，其建筑涂料占涂料总量的50%，建筑物的外墙有80%使用建筑涂料。建筑涂料也是我国涂料行业发展最迅猛的涂料。建筑涂料主要发展趋势如下几个方面：①高固体分涂料；②水性涂料；③粉末涂料；④辐射固化涂料；⑤超耐候性涂料；⑥功能性涂料。

近年来，国外功能性建筑涂料的发展很快，主要有防火涂料、防水涂料、防霉防虫涂料、防锈防腐蚀涂料、防静电涂料、消（吸）音涂料、隔热涂料及弹性功能涂料等品种。但其发展是基于人工合成树脂的发展进行的，同时，作为涂料科学基础的高分子化学、生物科学的交叉与进步，推动了建筑涂料功能化的发展。

2. 建筑涂料的技术进展

从世界范围来看，建筑涂料一直是循着高性能化、水性化和多功能化的途径发展的，我国建筑涂料所走过的发展道路也不例外。近年来，我国的建筑涂料行业基本上是循着这一发展轨迹平稳地发展着，并取得了一些可喜的发展。从高性能来说，过去仅限于实验室、文献资料或其他场合使用的氟树脂涂料和有机硅-丙烯酸复合涂料等已进入实用化阶段，有机硅-丙烯酸复合外墙涂料得到了更多实际工程的应用；建筑涂料的水性化是所有涂料中比例最大的，对建筑涂料水性化的研究非常活跃，例如，对水性聚氨酯建筑涂料的研究。对水性环氧树脂建筑涂料的研究也取得了一定进展。至于多功能方面，主要体现在一些功能性建筑涂料，通过新材料的引入获得了新的应用，并开发应用新的功能性建筑涂料等方面，例如弹性外墙涂料、防水涂料、耐磨地面涂料、防滑地面涂料和防腐蚀涂料、可逆变色涂料和夜光涂料等，我国将重点开发高耐候性氟碳树脂涂料；以有机硅等憎水基因改性的丙烯酸制成了可防水、防渗，能让空气通过的呼吸型外墙涂料；可防止墙面收缩产生裂纹的弹性乳胶涂料；水性聚氨酯涂料等。防水涂料将向水性、弹性、耐酸、耐碱、斥水、隔音、密封和抗龟裂等方向发展，如硅橡胶防水涂料、聚氨酯防水涂料、水性PVC防水涂料、VAE防水涂料、焦油改性聚氨酯防水涂料、厚质保温防水涂料、节能型防水涂料、氯丁胶沥青防水涂料等。建筑涂料的产品主要发展方向如下：①氟树脂涂料（高性能化）；②有机硅丙烯酸涂料（高性能化）；③超耐候耐污性涂料（水性化、高性能化）；④乳液型硅丙涂料（水性化）；⑤水性聚氨酯-丙烯酸酯涂料（水性化）；⑥耐沾污弹性涂料（水性化、多功能）；⑦耐磨环氧地面涂料（多功能化）；⑧阳离子封闭底漆（高功能化）；⑨聚氨酯玻璃片防腐涂料（多功能化）；⑩金属光泽涂料（高性能化）；⑪新型防水涂料（多功能化）；⑫新材料、新技术的应用（高性能化多功能化）。

实现产品多功能化、装饰效果多样化、产品多功能化是建筑涂料行业长期以来的发展方向，必须研发各类功能性涂料，扩大建筑涂料应用范围，以满足市场的需求。例如，弹性外墙乳胶涂料、外墙隔热涂料、钢结构防火涂料、防碳化涂料、防火隔声涂料、抗菌涂料、水性木器涂料、防静电涂料、耐磨防滑地面涂料、屋顶隔热涂料等，在迎接奥运会及世博会的各类建筑中都会有所需求。建筑涂料装饰效果的多样化，也同样会扩大建筑涂料的应用范围。如真石漆、金属漆、仿铝质幕墙结构的仿铝板漆，都可达到以假乱真的装饰效果。

七、汽车涂料发展趋势

汽车涂料增长速度迅猛，2002年以来，曾被誉为最具增长潜力的中国汽车市场开始释放出非凡的能量，消费需求爆发，推动国内汽车企业产能扩张，汽车年总需求量突破400万辆。作为涂料工业的两大支柱（建筑涂料、汽车涂料）之一，汽车的发展将推动汽车涂料在质量、产量和品种上迈上新台阶。2004年各类汽车涂料需求量已突破20万吨，汽车修补漆（包括农用车）需求量达25万吨。中国汽车制造技术主要来自德国、日本、美国、韩国等国，涂料质量标准各异，需求多样化，花色品种变化频繁。随着国产轿车生产的迅速增长，轿车进口量急剧增加，国内汽车保有量与日俱增，中国汽车修补漆市场发展前景诱人。

水性涂料、粉末涂料以及高固体分涂料，将逐步替代传统的溶剂型中涂、面漆涂料，成为现代环保型汽车涂料的主流。在欧洲国家，水性涂料和粉末涂料的应用已较为广泛，在国内上海大众B5线和上海通用的生产线均为使用水性涂料做好了准备，上海和长春新一轮的家庭轿车涂装线的规划中已为使用水性涂料做好了准备。

八、一些特种涂料的态势和发展

1. 防污涂料

近年来，荷兰Sigma公司研制成功了一种新型不含锡防污涂料，它的自抛光性与现有含锡防污涂料相同，但其防缩孔性和防开裂性大大优于其他不含锡的防污涂料。最近，日本的关西涂料公司新开发了一种对水中生物无毒性的不含有机锡和氧化亚铜的名为Captain Crystal的船用防污涂料。作为改善地球环境的这种涂料，能有效防止生物附着在船底上，持续时间可达五年。日本油脂公司采用超交联技术成功开发出一种新型防污且耐酸雨的PCM涂料，实验证明，该技术能使汽车涂料具有优良的耐污染性，其耐候性是丙烯酸树脂系列涂料的8倍，且其漆膜硬度可达3H～4H。

2. 阴极电泳涂料

这类涂料国外发展很快，并取得了许多新的成就。其中最有代表的是厚膜型阴极电泳涂料、低温固化型阴离子电泳涂料和彩色阴极电泳涂料。厚膜阴极电泳涂料是美国PPG公司研制成功的一种新型阴极电泳涂料，各项性能均优良；低温固化型阴离子电泳涂料是20世纪80年代末日本神东涂料公司和日本油脂公司共同开发的新品种，该涂料的标准固化条件为130℃/20min或160℃/5min；彩色阴极电泳涂料是日本关西涂料公司开发的，它以环氧树脂为基础，采用特殊异氰酸酯交联，并配以第三成分丙烯酸树脂，可在电泳中均一沉积形成复合层涂膜。这种技术可使环氧树脂系阴极电泳涂料彩色化，也提高了涂层的耐候性。阴极电泳涂料的发展方向是：厚膜型阴极电泳涂料，将解决在电泳涂装时沉积的漆膜以及烘烤过程中漆膜的黏弹性控制问题，使一次成膜比较厚，外观平整；低温固化型阴极电泳涂料，开发烘烤温度为130～140℃的低温固化型，并保持耐腐蚀和其他性能不变，以便用于带塑料、橡胶等汽车部件上，节能并减少污染；边棱防锈型阴极电泳涂料，要求减少涂膜熔融时的流动性，提高涂膜的边棱覆盖率，以改善阴极电泳涂料边棱的防腐蚀性。我国应重点开发膜厚30～40μm、耐盐雾1000h的厚膜型阴极电泳漆和耐盐雾720h以上的普通型阴极电泳漆。

3. 氟炭涂料

氟炭涂料是近年发展起来的新型涂料。氟树脂因其分子结构中的氟碳原子间的强力结合形成的氟碳键的极高键能和氟碳键的空间效应对氟碳聚合物中的碳碳链形成特殊保护，而具备极为独特的优良机械性能和极强的抗老化性能，因而氟树脂做成的塑料被称为塑料王。利用氟树脂的这一独一无二的特性制作的涂料，便是不粘锅及不沾油排油烟机的表层不粘涂料。主要是利用其不沾油不沾水的表面能特性。因其不粘而带来的弊处是难黏结、难涂覆，要使用高温烘烤的办法涂覆。将氟树脂作成涂料用于建筑涂料涂装，始于美国，是用高温烘烤的办法涂覆的。在铝合金板上做成幕墙，耐沾污、抗老化性极好，但极贵，又不能用于现场施工。日本人后来将其改造成常温可涂的双组分反应固化型涂料，可用于现场施工。国内前几年开始开发此涂料，并被称为氟碳漆投入市场。但因其用油性有毒溶剂配制，污染环境，且涂层不透气，而且是双组分产品，现场搅拌，施工不便，因此近年来重点进入单组分和水性化的开发。目前，我国已在水性化开发方面取得了重要研发成果，申报了中国专利，并获有自主知识产权。本项技术成果推广后，反响较大，近一年来开发水性氟树脂，氟炭涂料的进程明显加快。

4．保温涂料

保温（隔热、绝热）涂料综合了涂料及保温材料的双重特点，完全由涂刷保温涂料替代保温层的办法已经开始进入实用阶段，由此将改变传统的保温方式。

复合硅酸盐保温涂料是当前应用最广泛的保温涂料。近年来，硅酸盐保温涂料应用于建筑物保温已得到认可和较大面积使用，但是仍然存在材料自身结构的缺陷，如干燥周期长，受施工季节和气候影响大；抗冲击能力弱；干燥收缩大；吸湿率大；对墙体的黏结强度偏低；装饰性有待进一步改善等。国内外进行大量研究研发新型保温涂料，其主要趋势如下：①无机隔热反射墙体涂料；②薄层隔热反射涂料；③水性反射隔热涂料；④辐射隔热涂料；⑤真空绝热保温涂料；⑥纳米孔超级绝热保温涂料。

九、涂装新技术、新工艺发展趋势

近年来，国内外涂装新技术、新工艺层出不穷，目前应用较多和正在推广的如阴极电泳涂装工艺、静电喷涂工艺、粉末静电喷涂工艺、高红外快速固化技术、反渗透（RO）技术、机械人喷涂技术等。

1．极电泳涂装工艺

阴极电泳涂装是将具有导电性的被涂物浸渍在装满用水稀释的、含量比较低的电泳涂料槽中作为阴极，在槽中另设置与其相对应的阳极，在两极间通入一定时间的直流电，即可在被涂物上析出均一、水不溶涂膜的一种涂装方法。在电泳涂装过程中，伴随着电解、电泳、电沉积、电泳四种电化学现象。

阴极电泳涂装的整个涂装工序可以实现全自动化，适宜大批量、流水线涂装生产；得到的涂膜厚度均一；泳透（力）性好，可以提高工件的内腔、焊缝、边缘等处的耐腐蚀性；涂料的利用率可达95%以上；涂装低公害、安全性高；涂膜烘干时外观有较好的展平性。

2．电喷涂工艺

国内外静电喷涂技术应用较多的有手提式、原盘式、旋杯式等静电喷涂法。其中以高速旋杯式自动静电喷涂法应用最普遍。静电喷涂用的电喷枪是以接地的被涂物作为阳极，以高速旋杯为阴极。首先靠高速旋杯的杯形喷头产生离心力，使涂料分散成细液滴，当液滴离开喷头的电晕锐边时得到电荷，带电的液滴又进一步静电雾化成微滴，在随后的电场作用下，沿离心力与静电力的合力方向吸往接地的被涂物，放电后涂着在被涂物的表面上。

高速旋杯式自动静电喷涂，涂膜装饰性好、质量稳定；涂着效率高、节省涂料；减少涂装公害、改善作业环境；提高生产效率、适于流水线生产。

3. 粉末静电喷涂工艺

粉末涂装有流动床法、熔射法、粉末静电喷涂法、静电流动床法、粉末静电振荡涂装法等，其中粉末静电喷涂法应用最为广泛。粉末静电喷涂法的工作原理与一般的溶剂型涂料的静电喷涂法（尤其是采用空气雾化的电喷枪喷涂）几乎完全相同。所不同之处是，粉末喷涂是分散，而不是雾化。粉末静电喷涂法是靠静电粉末喷枪喷出的粉末涂料，在分散的同时使粉末粒子带上负电荷，带负电荷的粉末粒子在空气流的推动下，受静电场静电引力的作用，涂装到接地的被涂物上，然后加热熔融固化成膜。

粉末静电涂装不产生挥发性有机物；涂装效率高，一次喷涂可以获得厚涂层，适用于不经常换色的涂装。

4. 高红外快速固化技术

远红外加热技术，是在红外辐射光谱和被照射物吸收光谱相匹配的理论基础之上发展起来的，有机涂膜的吸收波长均处在长波段，可以按匹配理论来选用远红外加热器固化涂膜，但是远红外波段的辐射能量低，在工业应用很难达到最佳匹配。高红外辐射技术的辐射元件由钨丝作为热源、用石英管作为外罩及定向反射屏，它可以分别辐射短波、中波、长波红外区光谱，因而高红外辐射元件的全波辐射，可以达到最大辐射输出状态，热响应之快也是前所未有的。

高红外快速固化技术升温速度快，输出功率大，烘干时间断；加热温度范围容易控制；高效、节能、投资少；对烘干温度高的粉末涂料、蒸发焓高的水性涂料以及质量大的工件的烘干更加适用。

5. 反渗透（RO）技术

反渗透（RO）技术是一种膜分离技术。最初应用在电子、医药、饮食等方面制备纯水。此项技术是利用半透膜在压力作用下对水溶液中水和溶液进行分离的一种方法。当不同含量的溶液被半透膜间隔时，依照自然现象，含量较低的溶液会往含量较高的一侧渗透，例如典型的纯水往盐水方向渗透的实例。但是，如果在盐水的一方施加足够大的压力(即大于渗透压)，就会产生盐水往纯水方向渗透的反常现象，这种现象成为反渗透。利用这一技术，可以将溶液进行分离，从而实现其在涂装领域的应用。

在涂装领域，反渗透技术一方面可以代替离子交换系统制备纯水；另一方面可以对电泳透滤（UF）液进行进一步的处理，用作电泳生产线喷淋系统的末级淋洗用的“纯水”，还可以用于反渗透系统作为离子交换系统的前处理来制备纯水。该技术可以降低涂装成本、减轻废水所产生的公害，改善工人的工作环境，降低劳动强度。

6. 机械人喷涂技术

机械人喷涂技术就是用电子计算机控制机械人，模仿人的动作来完成喷涂作业。使用机械人喷涂技术，可以达到喷涂质量稳定；节省劳动力；节省能源；并能解决人工喷涂难以操作的棘手问题。目前，机械人喷涂技术在汽车涂装、家电涂装等领域普遍使用。随着经济、技术的不断发展进步，机械人喷涂技术一定会应用到涂装的各个领域。

十、其他有关方面的发展态势

1. 涂料辅料

为了提高涂料的相关性能，涂料辅料起着重要作用，在涂料中扩大使用辅助材料对涂料的发展也显得越来越重要。如紫外线吸收剂应用于涂料中，能提高耐光性；抗氧化剂能提高耐老化性；随着水性涂料发展，湿润剂品种将不断扩大；在利用紫外线干燥涂料中，需要利用光固化剂。这些辅助材料在今后将被更广泛地利用。

涂料助剂和改性剂从重量上看一般不到10%，但是增长很快。其中，杀虫剂年增3%，增稠剂年增3%，增塑剂年增2.6%，消泡剂年增2.5%，其他表面活性剂、防皱剂、腐蚀抑制剂和稳定剂约年增3.6%。涂料添加剂发展的主要推动力是日益严格的有机化合物排放法规，许多涂料已经被迫重新研究配方以求更加环保，因此又产生了新的问题，比如凝固、发泡及施工固化困难等问题。几种涂料助剂的主要发展趋势如下。

(1) 乳化剂　应用水性低分子量聚合物替代传统乳化剂，实现无皂聚合；应用反应型乳化剂；应用功能型乳化剂。

(2) 流平剂　应用高效、相容性广泛，具有可重涂性、不含有机硅的流平剂。

(3) 分散剂　应用高分子分散剂和带有高效稳定基团的分散剂。

(4) 防污剂　应用高效低毒无锡防污剂、天然产品提取物防污剂和多功能防污剂。

(5) 防霉剂　应用高效、安全的防霉杀菌剂和混合杀菌剂。

(6) 引发剂　应用官能团引发剂，除引发自由基反应外，也参与固化反应；应用新型光敏引发剂。

(7) 消光剂　应用于低污染涂料，如水性、粉末、高固体、无溶剂涂料用消光剂；对光泽无影响的高分子蜡消光剂。

(8) 流变剂　应用酰胺蜡和微凝胶。

(9) 氟炭表面活性剂　开发价格适中的氟炭表面张力调节剂。

(10) 增稠剂　应用聚氨酯类增稠剂和综合性增稠剂。

2. 涂料用颜料

为了适应涂料产品性能提高和品种增加的需要，也要不断提高所需颜料的性能。主要将更广泛地利用有机颜料，如偶氮系、酞菁系和具有优良耐晒、耐溶剂性能的蒽醌系颜料。

为了适应涂料的需要，颜料必须符合多重要求。它们必须具有强烈的色彩、高度可分散性，此外根据不同用途，还需要其具有不褪色性、热稳定性以及耐候性和耐化学性。同时，采用无重金属的防锈颜料，如三聚磷酸铝、磷酸锌、云母氧化铁等防锈颜料，替代传统有毒的红丹、铬黄等铅铬系防锈颜料，使得涂料无毒、环境友好性和便于使用。

3. 其他添加剂

光敏剂和光增感剂是光固化涂料中特有的助剂。光敏剂是指吸收光能后能将能量转移给光引发剂的物质，大部分光敏剂为有机络合物吸收可见光区能量与光引发剂在不同的光谱部分吸收能量，因此，光敏剂与引发剂配合常能达到更有效利用光源的目的。光增感剂则可以产生抗氧作用。提高固化速度常用的有胺类和酚类，将二者混合使用抗氧效果显著增强。此外，其他涂料中用的分散剂、流平剂、消泡剂等助剂以及制备色漆的颜料等也必不可少。光固化涂料对这些助剂及颜料具有更高要求，必须考虑它们对紫外光固化体系聚合成膜过程及涂膜性能的影响。

4. 计算机的应用

计算机在涂料工业中的应用可使涂料配方改进、大工业生产、生产设施的设计最佳化，且能迅速解决涂料的研究、生产、应用和销售等方面所出现的技术和管理问题。随着涂料需求量和产品品种的增加，涂料生产工艺也需不断改进。改进的总趋势是进一步简化工艺过程，提高生产率，实现连续化、自动化生产。今后射流技术、可控硅技术、纳米技术等将在涂料工业中广泛应用，从而使生产的自动化程度达到新的水平。

【阅读材料】

涂料设计展望

涂料的配方是一个具有挑战性的任务。科学家有时会轻视配方师，其实一种新涂料的配方难度与所谓的纯粹研究相比更具有挑战性。任何涂料都必须符合许多要求。有无数的原料、无数的原料组合以及无数的配方。测试方法受到大范围误差的影响，其结果往往不能良好地预料实用性能。配方师面对着不同的底材和施工方法，常常还有成本的约束。往往一种涂料的产量有限，不值得耗费大量的时间，并且解决问题的容许时间常常很有限。事实上，当人们了解此领域的复杂性时会感到奇怪：一种有用的涂料是怎样配成的。

历史上，配方的难题是靠将已知性能满意的涂料稍加改变来解决的。长期以来，优秀的涂料都是用此方法配制而成的。这种连续改善的方法焦点是用户的要求以及配方师和用户间的密切接触，这一点迄今仍然很重要。由于VOC排放的控制和越来越多的原料被鉴定为具有潜在的毒性，较之昔日小改变所需时间，现在却要在更少的时间内将配方作出重大改变。

增加产量是涂料工业面临的重要挑战之一。我们都想要生活中的好东西，但面对全部人口，满足这个欲望的唯一途径是增加总体产率。总体产率取决于管理、销售人员、实验室人员（包括配方师）的工作效率，当然和生产线上的工人也密切相关。

提高创造性是涂料配方师面临的更重要的挑战。配方师面临的某些问题似乎是“不可能的”，这其中有些确实是不可能的，但有许多并非真正不可能，对于认为不可能的问题需要创造性的想象方法。这一点对于配方师尤其重要。

涂料工业被视为利润较低的工业。常有人说“我们不能再多投资于研究，因为利润如此低”。事实上可能相反。利润率低是因为大部分的技术努力消耗于尝试抄袭竞争对手和/或沿用老概念，每个配方师都在努力抄袭，而不是在做创造性的研究开发。

涂料领域有许多的变数要处理，常常令人感受挫折，同时也充满趣味和挑战。控制成功的主要因素是积极地去处理和解决复杂的问题。

参 考 文 献

[1] 程侣柏，胡家振，姚蒙正等. 精细化工产品的合成和应用. 第 2 版. 大连：大连理工大学出版社，1995.

[2] 宋启煌. 精细化工工艺学. 北京：化学工业出版社，1995.

[3] 程铸生. 精细化学品化学. 上海：华东化工学院出版社，1990.

[4] 唐培堃. 精细有机合成化学及工艺学. 天津：天津大学出版社，1993.

[5] 陆辟疆，李春燕. 精细化工工艺学. 北京：化学工业出版社，1996.

[6] 胡祖. 燃料化学. 北京：化学工业出版社，1990.

[7] 候汾，朱振华，王任之. 染料化学. 北京：化学工业出版社，1994.

[8] [美] Zeno W，威克斯 Frank N，琼斯 S，Peter 柏巴斯. 有机涂料科学和技术. 北京：化学工业出版社，2002.

[9] 涂料工艺编委汇编. 涂料工艺（上、下册）. 第 3 版. 北京：化学工业出版社，1997.

[10] 中化化工标准化研究所等编. 涂料与颜料标准汇编（上、下册）. 北京：中国标准出版社，1997.

[11] 战凤昌，李悦良等编. 专用涂料. 北京：化学工业出版社，1998.

[12] 叶扬祥，潘肇基. 涂装技术实用手册. 北京：机械工业出版社，1998.

[13] 张学敏. 涂装工艺学. 北京：化学工业出版社，2002.

[14] 曹京宜，付大海. 实用涂装基础及技巧. 北京：化学工业出版社，2002.

[15] 马庆麟. 涂料工业手册. 北京：化学工业出版社，2003.

[16] 洪啸吟，马汉保. 涂料化学. 北京：科学出版社，2004.

[17] 虞兆年. 防腐蚀涂料与涂装. 北京：化学工业出版社，1994.

[18] 广州奥凯信息咨询有限公司中国涂料工业指南. 北京：化学工业出版社，2004.